范小红　郑国雄　编著

科技前沿与未来产业

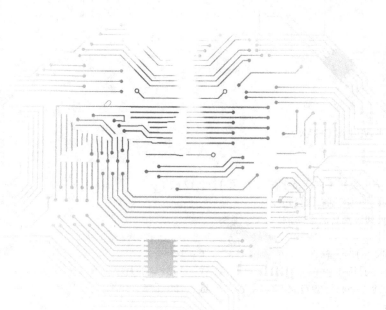

SPM 南方传媒 | 广东经济出版社

·广州·

图书在版编目（CIP）数据

科技前沿与未来产业 / 范小红，郑国雄编著 . —广州：广东经济出版社，
2024. 5

ISBN 978-7-5454-8977-4

Ⅰ.①科… Ⅱ.①范…②郑… Ⅲ.①科学技术—发展—研究—世界②产业发
展—研究—世界 Ⅳ.① N11 ② F269.1

中国国家版本馆 CIP 数据核字（2023）第 197879 号

**责任编辑：林跃藩
责任校对：黄奕瑕
责任技编：陆俊帆**

科技前沿与未来产业
KEJI QIANYAN YU WEILAI CHANYE

出 版 人：刘卫平
出版发行：广东经济出版社（广州市水荫路 11 号 11 ～ 12 楼）
印　　刷：广州小明数码印刷有限公司
　　　　　（广州市天河区高普路 83 号 B 栋 C5 号）

开　本：730 毫米 ×1020 毫米　1/16		**印　张**：14	
版　次：2024 年 5 月第 1 版		**印　次**：2024 年 5 月第 1 次	
书　号：ISBN 978-7-5454-8977-4		**字　数**：180 千字	
定　价：68.00 元			

发行电话：（020）87393830　　　　　　　编辑邮箱：gdjjcbstg@163.com
广东经济出版社常年法律顾问：胡志海律师　法务电话：（020）37603025
如发现印装质量问题，请与本社联系，本社负责调换。

前　　言

当下，全球科技正进入新一轮大变革时代，生物技术、人工智能、新材料等领域不断涌现革命性新发现、新技术，国家间科技竞争加剧，产业链、供应链、价值链加速重构。代表未来科技和产业前进方向，发展潜力和引领力量强大的未来产业，得到了前所未有的高度关注，主要国家和地区纷纷抢先布局。

我国历经40余年经济高增长阶段，正转入创新驱动的高质量发展阶段，构建新发展格局，应对全球竞争优势重塑、产业格局重组、经贸规则重建、治理体系重构等新挑战，不仅需要以创新动能驱动战略性新兴产业发展，优化产业结构，强化以内循环为主的国际国内双循环，还要立足长远，放眼未来，准确把握前沿科技演化趋势，抢占发展先机，布局未来产业，掌握未来发展主动权。

粤港澳大湾区拥有世界领先的科技集群，穗深港科技集群连续多年排名全球第二，已成为我国参与国际竞争的重要平台。广州肩负粤港澳大湾区核心增长极功能，前瞻布局发展未来产业，突破重大前沿关键技术，对于国家、区域和城市抢占发展先机至关重要。为深入研究未来产业发展规律，找准发展方向，提出精准可行对策措施，在广州新型智库专项支持下，广州生产力促进中心（广州创新战略研究院）组建了专门的研究团队，历时一年余，专题研究前沿科技驱动的未来产业，尝试回答"什么是未来产业""未来产业怎么演化""如何布局发展未来产业"等问题。融合科技与经济理论，通过专利、文献等的多维度数据，以及技术演化和产业演化规律，以全球视野深入研究近阶段前沿科技发展热点，分析重点领域技术演化进程，研判辨识未来技术商业化的可能加速点，综合投资、技术进步、新产品演化等多因素，剖析重点前沿技术驱动的未来新产业演化进程，综合研判未来产业发展态势。研究以广州为典型，根据城市发展战略、科技资源、创新人才、产业根基等基础禀赋优势和特点，提出了广州未来产业布局策略和培育政策措施。这既是从城市等级规模案例出发，探讨未来产业布局策略与方法，也是作为本项研究的出发点和归宿点，为广州城市创新和未来新产业发展贡献管窥之见。

本书分为六章，第一章为未来产业概念及特征，着重厘清未来产业的概念，分析其特征和演化机理；第二章为全球未来产业发展态势，简要分析我国，以及美国、英国、法国、日本、韩国等代表性国家未来产业布局情况和全球未来产业发展趋势；第三章为前沿科技潜力技术库构建与技术领域分析，主要根据专业机构的预测和技术，从技术演化角度分析，筛选出重点前沿技术领域的技术演化进展；第四章为技术生命周期基本理论与重点前沿技术分析，综合利用专利指标法和S曲线模型法分析6个重点前沿技术的演化特征和阶段；第五章为重点未来产业演化发展进程，从产业前景、演化进展、技术研发进展和研究热点等方面，分析合成生物等6个重点未来产业的演化进展和阶段特征；第六章为广州未来产业布局，主要分析广州的产业基础与优势，提出未来产业布局策略和相关政策措施。

目　　录

第一章

未来产业概念及特征

未来产业风起于科技变革大潮，作为新产业概念，其时尚而又陌生，不同学术刊物和公共媒体所述的未来产业往往各有界定，内涵与外延各有偏重，凝聚社会共识尚需时日。研究未来产业首先需要厘清未来产业的概念，明晰其内涵和特征，为共识性研讨未来产业演化特征与规律奠定基础。

第一节　未来产业的概念

　　未来产业（Industries of the Future，IOF）于20世纪80年代在英国和法国出现。1995年，美国能源部实施未来产业技术计划（IOT group），提出运用未来技术转型改造高能耗、高排放制造业，此后该计划升级为美国国家未来产业计划（States Industries of the Future）。国外学者对于未来产业的研究主要是总结、分析美国未来产业计划，比如亨特对美国未来产业的评述、麦克南关于美国未来产业发展计划实施中协作机制的分析等。2016 年，罗斯出版*The Industries of the Future*一书，引起学术界、产业界和政界人士广泛关注，该书的出版也标志着未来产业研究进入系统化阶段。

　　近年来，国内关于未来产业概念等研究的讨论较多，不同的学者从经济学、管理学、技术创新等不同视角诠释了未来产业的内涵。如余东华提出，未来产业是重大科技创新成果产业化后形成的、代表未来科技和产业发展新方向的、对经济社会有支撑带动和引领作用的前瞻性新兴产业，以新技术、潜在需求、产业成长性、未来竞争力和产业带动引领等为界定标准。李晓华认为，未来产业是由探索期前沿技术驱动、以满足经济社会不断升级的需求为目标、代表科技和产业长期发展方向，将在未来发展成熟、实现产业转化，对国民经济具有重要支撑和巨大带动作用，但尚处于孕育孵化阶段的新兴产业。沈华等认为，未来产业是以满足未来人类和社会发展新需求为目标，以新兴技术创新为驱动力，旨在扩展人类认识空间、提升人类自身能力，推动社会可持续发展的产业。陈劲认为，未来产业是重大科技创新产业化后形成的前沿产业，比战略性新兴产业更能代表未来科技和产业发展新方向，对经济社会变迁具有关键性、支撑性和引领性作用。李研则认为，未来产业是基于颠覆性技术，依托技术与技术间、技术与产业间融合，爆发后能以新供给创造新需求、引领生产与生活方式发生重大变化、对经济发展产生强大推动力的产业。

上述关于未来产业概念方面的研究，主要包括前沿新技术驱动，满足或创造新需求，支撑引领经济社会变迁，代表未来科技和产业发展方向等未来产业动因、目标、功能方面的特性，虽然不同学者基于自身研究和观察视角，所表述的概念内涵存在一定的差异，有的强调新需求满足和新技术驱动，有的强调技术颠覆性和新需求创造，有的强调产业的孕育发展，但在新兴技术驱动、引领未来变革、产业处于孕育早期等方面的认知与理论基本形成了较强共识。

然而，未来产业虽然具有时间序列特征，其早期产生背景也与政府的产业发展实践具有一定关系，具有某些产业政策的概念特征，具备特有的科学与技术演化、产业演化等方面的特征属性，但当前多数学者对未来产业的概念定义较为模糊，容易引起不同的理解，甚至误解。

综合国内外学术界、产业界和政界等关于未来产业研究讨论的主要内容，通过深度研究剖析未来产业的产生原因、演变机理、科技研发、产业孵化孕育、经济社会功能等因素，可以发现未来产业具备如下几个核心要素：

一是前沿技术驱动型产业。前沿基础与应用研究的重大关键技术突破，或颠覆性技术创新，以及系列革命性技术成果的商业化，是未来产业的发展动力，驱动着未来产业的诞生与演化。因而，前沿技术驱动是未来产业至关重要的关键核心特征。

二是科技研究处于成长阶段。未来产业发展所依托的基础研究、应用基础研究或关键技术取得了系列重大突破，具备创造有特定需求或潜在需求新产品、新服务的巨大潜力。但应用基础研究及关键技术仍处于演化发展阶段，技术演化周期多处于成长期或成熟期初始阶段，尚需一定时间进一步研发突破，方能逐渐走向成熟。

三是产业演化处于萌芽孵化期。未来产业属于孵化孕育阶段的新产业，新产品能高质量满足某些现实需求或创造某些新需求，或具有满足或创造新需求的潜力，一定程度上形成了可想象或理性期待的巨大潜在新市场空间。但现实需求和应用场景尚处于试验和培育过程，产业演化处于早期萌芽阶段，产业链条不完整，产业分工程度低，需求仍不稳定、不明确，监管政策不明晰，产业演化基本处于早期的萌芽孵化期。

四是技术与产业同步演化。未来产业技术研发与产业演化具有明显的并行发展特征，应用需求导向型基础研究和技术研发，与新产品、新产业孕育结合紧密。紧跟前沿重点或热点技术的研发有所突破，随即诞生新的产品，孵化新的产业，前沿技术研发与产业孵化基本呈同步演化趋势。这种同步特征也体现出未来产业双重代表的本质属性，即既代表着科技创新的未来方向，也代表着产业发展的未来方向。

五是催生新模式，引领新发展。未来产业的重大新技术的研发与产业化模式有别于一般产业，其前沿基础研究、技术创新和产业化应用并非单纯线性模式的链条式逐级演化，而是多链条同步演化，将催生新型跨链条研究开发模式。同时，未来产业新技术的扩散应用，新产品、新服务的诞生，必然衍生出新的商业模式、组织模式、生产方式、消费模式和生活方式等，带来产业、经济和社会领域的系列新变化，进而促进经济社会演化变迁，引领未来发展新模式。

基于未来产业所具有的上述核心特征，结合未来产业、战略性新兴产业、成熟产业的梯次发展时序，我们认为，未来产业是由一组或多组革命性前沿技术驱动形成的具有巨大潜力的新产业，其核心关键技术正从成长期向成熟期演化，产业孵化孕育进入加速阶段，具备在未来5～10年内演化发展成战略性新兴产业的潜力，前沿技术与产业演化具有同步演化特征，代表着未来科技与产业发展新方向，能创造或满足新需求，引领未来经济社会发展变迁。

如此定义未来产业，更为深入地概括了未来产业的驱动引擎、技术和产业演化阶段、发展与演化方向、经济社会功能等核心特征及潜力属性，不仅有利于准确研判识别未来产业，便于正确理解和把握未来产业的功能价值，也有利于消除模糊性，避免误解与混淆。

第二节　未来产业的特征与演化机理

一、未来产业的特征

作为系列前沿新技术突破催生的新产业，未来产业动力来源、技术演化、产业演化等具有明显的阶段特性，形成了其在动力、投资、成长、演化等方面独特的规律与特征，主要包括如下内容。

1. 新技术创新驱动特性突出

未来产业起源于一组或多组原始创新或颠覆性创新，不同于成熟产业的投资驱动和技术扩散驱动。未来产业孕育成长进程很大程度上取决于特定领域前沿技术演化发展进程，前沿技术演化路径变化将直接影响产业演化进程。同时，由于未来产业核心技术尚处于成长期向成熟期演化发展阶段，其孕育发展进程在很大程度上受重大关键技术突破进展的影响，技术创新快则产业演化快，技术兴则产业兴的特性突出。

2. 先发优势显著

与未来产业紧密关联的前沿基础研究属于应用驱动的巴斯德象限研究，其研究重点将成为科学研究和技术创新的热点，对政府财政投资、企业研发投资、高端人才和创新资本有强大凝聚力，能够引领创新资源配置和聚合，在技术、人才等方面对后来者形成较高的门槛，成为先行者发展未来产业的重要技术壁垒。

3. 高成长速度

未来产业属于将来一定时期内发展潜力巨大、前景广阔的新产业。虽然未来产业孕育期规模体量有限，但经过适度的政策引导和扶持培育，前沿新技术和颠覆性技术持续突破且发展成熟，将推动未来产业快速向前发展，时机成熟后，广阔市场空间和广泛应用场景将促进未来产业高速成长，未来产业将成为未来经济社会发展的重要增长引擎，乃至壮大成为主导产业。

4. 投入前瞻性

未来产业属于前沿技术发展催生的新产业，客观而言，未来产业所依托的核心技术尚处于持续研究演化发展阶段，技术突破、技术成熟、产业转化、需求培育等需要一定时间积累和实践检验，演化发展的周期相对较长。发展未来产业的投入更多聚焦于前沿关键技术的研发投入和产业孵化投入，属于战略导向型的前瞻性投入，投入回报寄望于以技术突破引领未来产业发展，具有明显的前瞻性、战略性和长期性等特征。

5. 演化路径不确定性

布局未来产业主要基于对前沿研究可能导致的未来时期产业发展方向的预测和研判，由于前沿科技研发存在一定的不确定性，未来产业发展路径研判具有一定的风险。若前沿科技研发突破符合预期方向，则能提前占据先行位置，加速聚合资源，争得未来产业竞争的制高点，赢得国际科技竞争与产业竞赛的先机；若偏离预期方向，轻则浪费人才、资金等创新资源投入，重则错失未来产业竞争的主动权，甚至可能危及自身的稳定与安全。

二、未来产业的演化机理

未来产业肇始于前沿技术突破所形成的驱动力和牵引力，其演化发展融合了科技创新和产业发展的双重特征，产业演化发展的驱动力既有来源于市场机制的竞争驱动，也有来源于政府对前沿科技发展主动作为的战略驱动，二者形成市场与政府两种力量的协同驱动机制。其主要演化机理如下。

1. 诞生于重大前沿科技突破

未来产业既非天外来物，也非已有产业的常规演化，其诞生于重大前沿科技突破，是因重大突破或颠覆性变革而衍生出的可满足潜在新需求或转变现有模式的新产业。前沿科技创新为未来产业的源头活水，创造性或颠覆性的新科技是未来产业诞生之母。如量子隐形传态、量子密码等技术突破催生出的量子通信，其所特有的安全高效超常性能，成熟后将可满足人们对安全通信的迫切需求；分子生物和基因组工程技术突破，促进了合成生物的诞生。

2. 产业演化紧随科技突破进程

影响未来产业发展的系列前沿技术正处于成长期向成熟期演变阶段，一批关键应用基础研究与前沿技术仍处于动态发展变化中，重要理论与技术研究的突破、技术成熟度等发展进程，直接决定了未来产业演化进程。未来产业的产业链关键环节、产业链完整性等构建演化进度，取决于系列核心技术演化发展速度，重大核心技术突破将加速产业链的关键环节孕育成形，各项关联技术的突破和成熟也将促进产业链的构成组件日趋丰满。未来产业系列技术创新的不断深化扩展，技术成熟度的不断提升，将促使未来产业创业内容丰富、规模扩大，以及促进产品成熟度提高、可用性增强、应用场景丰富。

3. 创新链与产业链紧密联动演化

未来产业所关联的前沿知识创新、技术创新、产业化、创新资本、专业服务等创新链与产业链上、中、下游，具有显著的同步联动演化特征，前沿知识与技术创新持续深化，创新要素不断聚合、丰富，将有效促进创新链和产业链的构建，促进产业生态和大应用场景的孕育进程衍生新的技术需求或反向促进研发创新。创新链与产业链的这种联动演化机制主要包括：一是前沿理论与关键技术突破，促进技术创新，丰富产业链结构，促进产业链日趋丰满。二是创新要素不断集聚，技术路线图日趋清晰，促进引导创新资本、专业服务等产业环节日趋完善。三是技术应用与产业化进程将从市场、产品、应用场景等方面，提出需求导向的新技术改进，促进技术创新领域扩展和技术深化等。

4. 产业演化需要政府与市场协同驱动

未来产业植根于前沿科技创新，由于前沿基础研发创新具有公益性、不确定性等特征，且未来产业发展早期需求不明朗，需要较长时间探索，若单纯依靠市场力量，难以吸引充足的创新资源。推动未来产业技术突破与产业孕育，必然需要政府在前沿基础研究、关键技术、人才等方面给予前瞻性主动支持，以突破关键核心技术，构建未来产业发展政策、市场环境等，促进产业链孕育和演化扩展。同时，未来产业面向多样性、多变性与复杂性的需求，需要众多体察消费者需求的多样化创新者参与创新与竞争，需要依靠市场力量，形成活力机制，优胜劣汰，竞争与竞合发展，方能激发社会创新力量，创造满足现实需求与潜在需求的丰富产品和服务，满足市场多层次、多样化需求。

第三节　未来产业与战略性新兴产业比较

　　驱动未来产业发展的核心技术属于突破性、颠覆性或前沿性技术。突破性是指新技术大幅拓展、深化人类对自然规律的认知，增强改造世界的能力，如深空、深海探测技术，脑科学等生命健康技术。颠覆性是指新技术从根本上替代既有技术以满足人类生产、生活需求，且性能更强、效率更高、成本更低或体验更好，如量子通信对传统信息传输技术的颠覆，靶向药物、基因疗法等精准医疗技术对传统医药的替代。前沿性则指出现时间短、新颖程度高的新技术所具有的前瞻性、先导性和探索性，虽然基本科学理论已明晰，甚至已出现原型产品，但商业化、产业化的应用技术与互补技术仍不成熟，初期产品成本高、性能差，暂时难以替代具有相同功能、相同效用的既有产品，大规模商业化应用仍面临巨大挑战。

　　从科技研究演化进程来看，未来产业核心技术尚处于起步期或成长期，但其与早期基础科学领域的研究仍处于实验室探索阶段不同，未来产业的基础理论和核心技术已然研究出成果，甚至形成产品原型或已进入小试阶段，技术实用性和产业价值已获初步验证。

　　相对而言，未来产业与战略性新兴产业存在诸多相似性和共性特征，容易引起混淆或误解。在各类产业研究、社会交流等活动或政策文件等文件资料中，很容易看到两者混淆或交叉的情形，或者将战略性新兴产业视为未来产业，或者将未来产业作为战略性新兴产业。因此，有必要详细剖析未来产业与战略性新兴产业的异同，以合理划分产业界限，为科学谋划未来产业发展提供依据。

从定义来看，国务院将战略性新兴产业界定为："以重大技术突破和重大发展需求为基础，对经济社会全局和长远发展具有重大引领带动作用，知识技术密集、物质资源消耗少、成长潜力大、综合效益好的产业。"结合未来产业的定义，可以看出，未来产业与战略性新兴产业具有技术驱动、知识技术密集、成长潜力大、引领带动能力强等多方面共性特征。

但从产业内涵与特征来看，未来产业与战略性新兴产业却存在发展阶段、关键问题、成长路线、发展范式、竞争方式等多方面的差异，具体包括：

一是发展阶段不同。战略性新兴产业属于基础技术，已进入成熟期，具备了相当的产业规模，演化方向为成熟产业和主导产业。而未来产业则属于前沿基础技术，尚处于研发突破和深化演化阶段，技术研究成果商业化进程受技术成熟度、丰富度等制约，产业规模小，产业孕育发展处于初始成长萌芽期，需要未来5～10年的演化发展，方能成长为战略性新兴产业。

二是关键问题不同。战略性新兴产业已进入技术扩散创新阶段，战略性新兴产业发展所需解决的重点问题是产业生态、产业链构建和技术创新等，其主要通过大项目、大投资等扩大产业规模，聚合产业要素，健全产业链。未来产业发展主要须解决关键核心技术突破和产业孵化等问题，主要通过高水平应用基础研究和核心技术攻坚，引领技术创新，形成产业聚合，构建产业孵化生态，孕育新产业。

三是成长路线不同。战略性新兴产业遵循产业成长路线，以链式集聚和线性成长为特征，竞争核心为产业生态和产业链集聚效应。未来产业则遵循科技创新与产业发展的复合型成长路线，竞争核心为研发创新、专业资本和高端人才，先导性、牵引性和跨界性强，应用指数型技术，更容易实现爆发性成长。

四是发展范式不同。战略性新兴产业为高成长性、技术密集型产业，其发展范式以技术范式为主，演化动力源于市场需求和技术竞争等。未来产业涉及前沿基础研究、技术创新和产业演化等更长链条，覆盖科学研究、技术创新、经济发展等更广泛的活动类型，其发展范式叠加了科学范式与技术范式等，演化源于政府战略导向、市场需求和技术竞争等多重驱动力。

五是竞争方式不同。未来产业尚处于研发与孵化阶段，产业竞争焦点是科技研发、创新人才和产品功能先进性等技术竞争，以及创新资本易获得性、新产品市场规制的包容度等环境竞争。战略性新兴产业进入规模化发展阶段，竞争重点不再是"有没有""能不能"的创新能力竞争，而是产业链完整性、产业规模、技术研发与扩散速度、技术产品性能与价格等的综合性竞争，主要依靠产业集群生态和市场竞争。

第二章
全球未来产业发展态势

当前，新一轮科技革命极大扩展了科学探索与发现的新空间新领域，更多领域涌现出重大前沿技术新突破。世界各国基于自身科技研究优势和战略导向，选择了各具特色的未来产业发展战略与布局。全面审视研判全球未来产业发展态势，有利于准确把握和科学布局未来产业。

第一节　全球代表性国家未来产业发展布局

近年来，中国、美国、英国、法国、德国、日本、韩国、俄罗斯等国家，高度重视培育集战略、科技、产业、政策于一体的未来产业，纷纷加强人工智能、大数据、量子技术、虚拟现实、区块链、航空航天、生物医药等前沿重点领域技术研发和产业布局，推出了系列战略规划，聚焦未来产业变革，遴选和支持具有战略意义和长远价值的重点未来产业，统筹技术、资金、人才等资源，培育和发展未来产业。未来产业已成为全球科技竞争的主要焦点，成为衡量国家或地区科技创新与综合实力的重要标志。

一、中国：多层次布局发展未来产业

2020年以来，习近平总书记多次强调布局未来产业，提出"抓紧布局数字经济、生命健康、新材料等战略性新兴产业、未来产业""要围绕产业链部署创新链、围绕创新链布局产业链，前瞻布局战略性新兴产业，培育发展未来产业，发展数字经济"。2021年3月，《中华人民共和国国民经济和社会发展第十四个五年规划和2035年远景目标纲要》明确提出在类脑智能、量子信息、基因技术、未来网络、深海空天开发、氢能与储能等前沿科技和产业变革领域，组织实施未来产业孵化与加速计划，谋划布局一批未来产业。

北京、上海、深圳、杭州、厦门等城市，纷纷根据自身发展优势和战略，加快布局未来产业。北京重点发展量子信息、超导材料、石墨烯材料、通用人工智能、卫星网络、类人机器人等未来产业。上海重点发展量子科技、基因与细胞治疗、脑机接口、深海探索、新型储能、第六代移动通信六大未来产业。深圳提出重点布局合成生物、脑科学和类脑智能、可见光通信与光计算、量子信息、深地深海等未来产业。杭州聚焦人工智能、虚拟现实、区块链、量子技术、商用航空航天、生物技术和生命科学等具有重大引领带动作用的未来产业，谋求城市竞争新优势。厦门提出培育未来网络、前沿战略材料、第三代半导体等未来产业。

二、美国：以前沿技术优势引领未来产业发展

美国作为全球前沿技术发展先行者和领导者，1983年即启动了"陆地自动巡航"计划，2018年立法启动《国家量子倡议法案》，支持量子科技发展。2019年，美国白宫科技政策办公室（OSTP）发布《美国将主导未来产业》报告，提出将未来产业作为国家战略，将人工智能、先进制造、量子信息科学等作为保障美国安全繁荣的关键技术。2020年美国参议院发布《2020年未来产业法案》，提出确保在人工智能、量子信息科学、生物技术、下一代无线网络和基础设施、先进制造、合成生物学等未来产业的联邦研发投入。2021年美国总统科技顾问委员会（PCAST）发布《未来产业研究所：美国科学和技术领导力的新模式》，提出打造未来产业新型研发模

式、管理结构和运营机制等。美国在《2022财年研发预算优先事项和全局行动备忘录》中提出保持未来产业领先地位。

拜登政府延续了美国未来产业发展思想与战略，《美国就业计划》提出投资1800亿美元研发未来技术，将未来技术突破作为新商业、新就业和新出口的关键。2021年，美国众议院科学委员会推出《NSF未来法案》，计划向未来产业投入726亿美元。《无尽前沿法案》提出投入1000亿美元发展未来产业相关的新兴技术群，聚焦人工智能与机器学习等十大关键技术领域。

2020年，美国国家科学基金会（NSF）启动了24项未来制造业资助项目，旨在通过支持基础研究和教育，实现新制造能力；2021年发布未来制造业资助项目，提出未来网络制造、未来生态制造、未来生物制造等3个重点领域，以及未来制造业种子补助金、未来制造业研究补助金等2种资助类型。

美国以突破新兴技术群为重点，争取未来产业发展主导地位，推出了如下系列措施：一是加大人工智能、量子信息科学、基因组学与合成生物学等重点领域投入力度；二是强化宽带网络、超级计算机等新型基础设施建设；三是统筹协调政府力量，以新方式构建与工业界、学术界的伙伴关系；四是建设跨学科、全链条新型研发机构和未来产业研究所，创建新型技术管理机构；五是完善教育体制，强化人才培养，投入150亿美元组建200多个英才中心，为各种背景的人才提供培训和教育机会，培育未来劳动力。美国未来产业的部署如表1所示。

表1 美国未来产业的部署

发布时间	报告/法案	主要部署领域
2019	《美国将主导未来产业》	人工智能、先进制造、量子信息科学等
2020	《2020年未来产业法案》	人工智能、量子信息科学、生物技术、下一代无线网络和基础设施、先进制造、合成生物学等
2020	美国《2022财年研发预算优先事项和全局行动备忘录》	人工智能、量子信息科学、先进通信网络、先进制造、国家战略性计算生态系统、海陆空运行的自动驾驶飞行器等
2021	《美国就业计划》	半导体、先进计算、先进通信技术、先进能源技术、清洁能源技术和生物技术等领域
2021	《NSF未来法案》	量子信息科学、人工智能、超级计算、网络安全和先进制造
2021	《无尽前沿法案》	人工智能与机器学习，高性能计算、半导体、先进计算机软硬件，量子计算科学与技术，机器人、自动化与先进制造，先进通信技术与沉浸技术，生物技术、医学技术、基因组学与合成生物学，分布式账本技术与网络安全，先进能源技术，先进材料科学，自然和人为灾害的防灾与减灾等
2021	NSF未来制造业资助项目	未来网络制造、未来生态制造、未来生物制造

三、英国：因应对未来挑战布局未来产业

为积极应对英国脱欧的负面影响，英国重新审视了世界局势，分析其所面临的人工智能对生活和工作方式的影响、清洁增长、未来交通、老年化社会等四大挑战。2017年，英国政府发布《产业战略：建设适应未来的英国》白皮书，提出为应对挑战而重点发展人工智能、清洁增长、未来交通等未来产业（表2），确保民众受益于未来产业变革。同年，设立了产业战略挑战基金以投资未来产业。2019年，英国工程和物理科学研究委员会成立了靶向医疗、化合物半导体等13个未来制造业研究中心，重点支持早

期研究商业化，推动未来制造业更快采用新技术和新商业模式。2020年，英国发布的《未来科技贸易战略》提出增加技术投资和吸引外资进入5G、工业4.0、光子学等新兴产业。2020年和2021年连续发布《绿色工业革命十点计划》《国家人工智能战略》等未来产业战略规划。

英国为发展未来产业，推出的主要措施如下：一是投资加强人才培养，包括投资8400万英镑用于计算机教学、投资5亿英镑建立15条新的技术教育路线等；二是加强基础设施建设，提供310亿英镑支持住房、交通和数字基础设施等建设，投资超过10亿英镑建设数字基础设施等；三是强化政府与产业界合作，联合私营部门共同投资，共建研究机构和基础设施，共同培养人才。

表2　英国产业战略挑战基金部署的未来产业

未来产业	主要部署领域
人工智能	未来观众、量子技术商业化、创意产业集群、数字安全、下一代服务
未来交通	电力革命、未来飞行、法拉第电池挑战、国家卫星测试设施、机器人技术、无人驾驶汽车
清洁增长	低碳工业、低成本核能、敏捷制造、能源复兴、智能可持续塑料包装、建筑改造和施工、革新粮食生产、改变基础工业

四、法国：聚焦未来投资计划驱动未来产业发展

为摆脱2008年金融危机带来的影响，法国分别于2010年、2014年、2017年、2021年启动了4期"未来投资计划"（Investments for the Future），合计投资770亿欧元（4期资金分别为350亿欧元、120亿欧元、100亿欧元和200亿欧元），投资发展未来工业、未来工厂、未来交通等优先领域。2021年

推出的第4期"未来投资计划"（表3），将"加速战略"作为重要组成部分，重点支持无碳氢能、量子技术、网络安全等领域。

2015年，法国发布"未来工业"（The Industry of the Future）计划，优先扶持新能源开发、智慧城市、绿色交通、未来运输、未来医学、数字经济、智能设备、数字安全等新兴产业，通过资本与技术联姻，政府为企业提供服务、培训、窗口化国际合作等新举措，帮助企业转变经营模式、组织模式、研发模式和商业模式，带动经济增长模式变革。2020年，法国发布《使法国成为突破性技术经济体报告》，提出支持氢能、量子技术、网络安全、生物控制等10大产业，2020年、2021年陆续发布无碳氢能、5G通信与未来通信网络技术等未来产业的国家战略。

法国推动未来产业发展的主要措施如下：一是国家统筹协调，由总理府直接领导，协调各部门行动，增强目标性和协同性；二是投资建设创新基础设施，重点投资建设尖端设备、尖端实验室、未来工业技术平台等；三是推进研发成果转化，通过组建技术转移公司、成果转化基金和创新示范项目等，推动前沿技术产业化；四是优化创新环境和创新生态，推出未来工业标准战略、灵活多元资助模式、公私合作机制等措施，完善创新生态体系。

表3　法国未来产业的部署

发布时间	计划/项目	主要部署领域
2015年	"未来工业"计划	新能源开发、智慧城市、绿色交通、未来运输、未来医学、数字经济、智能设备、数字安全
2021年	第4期"未来投资计划"的加速战略	健康：数字健康、创新疗法、生物疗法、生物制造 生态与能源转型：工业脱碳、生物燃料、无碳氢技术、能源系统先进技术、脱碳和数字化移动出行 数字技术：云计算、5G通信和未来通信网络技术、网络安全、量子技术

五、日本：以"社会5.0"统领未来产业发展

日本政府2016年第5期《科学技术基本计划》，推出"社会5.0"概念，提出最大限度应用现代通信技术，高度融合虚拟与现实空间，解决经济、社会问题，开创美好未来，共同实现为人类带来更美好生活的"超智能社会"。

日本以"社会5.0"为目标，展开了系列未来产业部署（表4）。2017年发布《未来投资战略2017：为实现"社会5.0"的改革》，提出将人工智能、机器人等先进技术最大化运用到"社会5.0"，政策资源集中投向重点，聚焦发展八大战略领域；《科学技术创新综合战略2016》《科学技术创新综合战略2017》提出建设能源价值链最佳化系统等16个系统与数据库，连接新兴技术应用，形成跨界互联产业；2017年，《新产业结构蓝图》提出未来新产业和服务；2020年，《科学技术创新综合战略2020》提出面向创造未来产业及挑战社会变革的研发。

日本布局发展未来产业，推出的主要措施如下：一是实施知识产权战略和国际标准化战略，鼓励达到国内外官方标准；二是强化超智能社会服务平台建设与基础技术研究，开发通用基础系统技术；三是构建开放包容的创新环境，推进国家战略特区先行先试和事后监管创新，改革规制，简化行政程序；四是培育"社会5.0"基础技术和跨领域科技人才；五是与产业界合力推进"社会5.0"系列行动计划。

表4　日本未来产业的部署

发布时间	报告/法案	主要部署领域
2017年	《未来投资战略2017：为实现"社会5.0"的改革》	生命健康、交通出行、世界领先的智能供应链、基础设施和城市建设、金融技术创新及应用、能源与环境、机器人革命与生物材料革命等
2016年 2017年	《科学技术创新综合战略2016》《科学技术创新综合战略2017》	能源价值链最佳化系统、地球环境信息平台系统、基础设施高效维护更新管理系统、抗灾社会强固系统、智能道路交通系统、新型制造系统、材料整合开发系统、实现健康立国的地区保健护理生活系统、人性化游客接待系统、智能食品供给系统、智能生产系统，三维地图信息数据库、跨行业数据流通数据库、地球环境信息数据库、人流物流车流信息数据库、图像信息数据库，物联网、人工智能、机器人和超分散信息处理等
2017年	《新产业结构蓝图》	自动驾驶汽车、保险与评级智能化，原创新药、功能食品、尖端材料制造、生物能源，个性化医疗药品、护理关怀计划、维护保养服务、智能化授信、理财咨询服务等
2020年	《科学技术创新综合战略2020》	人工智能、超算、大数据分析、卫星、智能实验室、远程商业、低能耗技术、清洁能源、生物技术等

六、韩国：以制造业复兴导向未来产业发展

韩国自存储芯片产业后，其"快速追随者战略"陷入难以为继的困境，特别是受人口老龄化、全球经济低迷等因素影响，韩国产业步入停滞期或转型十字路口。2019年，韩国出台《制造业复兴发展战略蓝图》，致力打造新兴制造业强国，提出人工智能、新能源汽车等行业的发展目标与投资计划，实施以智能化、生态友好型和融合方式创新产业结构；以创新产业取代传统产业；以挑战为中心重组产业生态系统；强化政府在支持投资和创新方面的作用等四大战略。时任总统文在寅提出，要培育未来新产

业，到2030年将向非存储类芯片、未来移动交通和生物技术等新兴产业投资8.4万亿韩元。同年，韩国科学技术信息通信部推出《政府中长期研发投入战略（2019—2023年）》，将未来产业和新产业作为投入重点，包括人工智能、大数据、信息安全、食品、计算机、生物医疗等领域。2020年，韩国推出《人工智能半导体产业发展战略》，提出确保掌握先驱型创新技术和人才、振兴创新型增长产业生态系统等措施。

韩国为发展未来产业，推出了如下系列措施：一是采取政府和社会资本合作的PPP模式，引导民间资本投资未来产业；二是创新监管方式，引入负面清单制度和"监管沙盒"制度等，包容和放松新产业管制；三是实施标准化战略，聚焦电动汽车、氢能源汽车等未来产业领域，主导或参与国际标准制定；四是强化基础设施建设，集中建设大数据平台、人工智能中心、5G通信网络等一批新型基础设施。

第二节　全球未来产业发展新趋势

未来产业萌发于前沿科技突破。当前，新一轮科技革命已将科学探索与发现延伸至人脑、深空、深海、深地、深蓝、极微等新空间新领域，主要领域重大发现和技术突破不断涌现，大幅扩展了未来产业孕育土壤与疆界。

通过系统分析当前国际科技与产业发展进展，全球未来产业演化发展主要有以下几个方向：

一是新一代信息通信方向，包括人工智能、物联网、区块链、数字货币、不可互换代币（NFT）、数字安全、无人驾驶、量子信息、新一代无线通信（含6G）、高性能计算、Web 3.0等。

二是物理与虚拟世界交互方向，包括元宇宙、虚拟现实（ＶＲ）、增强现实（ＡＲ）、混合现实（ＭＲ）、扩展现实（ＸＲ）、视觉触觉听觉融合等。

三是先进制造方向，包括工业机器人、服务机器人、数字孪生、增材制造、未来工厂、智能飞行器、无人机、智能汽车、自动化与智能装备等。

四是绿色可再生能源方向，如绿色氢能、高效储能、碳捕获、碳存储、无碳技术、先进核能、热核聚变等。

五是先进材料方向，包括3D打印材料、超材料、智能材料、超导材料、量子材料、微纳材料、二维材料（如石墨烯材料）等。

六是生命科学与健康方向，包括合成生物、脑科学、基因编辑、精准医疗、再生医学、新型药物疫苗、生物智能、生物育种等。

七是深空、深地、深海和极地方向，包括商业航天、深海装备、空天通信、可燃冰探采、极地能源、太空探索、太空核能等。

未来产业演化发展不仅受制于前沿关键技术研究开发进展，也受限于新模式孕育演化与现实的融合度。由于未来产业技术成熟度、经济性、应用场景、市场发育和政策环境等因素差异，不同领域、不同方向未来产业演化进度呈现出明显的分异特征，不同未来产业发展进程、孕育周期、产业规模、经济社会影响力等存在显著阶段性差异，影响未来产业发展的布局选择、培育措施、政策导向等。如数字经济及部分细分产业已形成规模，凸显出经济社会发展引领作用，而太空商业化开发、海洋能源矿产利用、脑科学等领域研究开发难度大、周期长，产业化、规模化需要更长时间。

综合来看，多领域重大科技变革，推动全球未来产业发展呈现新趋势，具体如下：

一是未来产业发展领域多极化。当今时代，重大科技变革性技术覆盖面广，人工智能、量子科技、生物技术、新能源等领域多组技术取得系列重大突破，加上人类应对气候变化、能源危机、数字主权等全球性挑战的需求驱动，未来产业发展呈现数字、智能、低碳、健康等多极化演化。全球代表性国家新技术群与未来产业布局发展重点，多聚焦于几个共识性方向，即数字与智能方向，包括先进半导体、人工智能、大数据、区块链、物联网、量子技术、下一代通信技术、超智能社会、传感器、机器人、先进计算技术、数字经济、脑神经信息、人机交互、网络安全、虚拟和增强现实技术、智慧城市等；绿色低碳方向，包括新能源、生物能源、绿色交通、氢能、低碳工业、低成本核能等；生命健康方向，包括未来医学、生物医药、未来医院、生物信息学、疫苗研发、精准医疗、健康食物、生物制造等。同时，未来产业发展各主要方向可根据技术演化进程，划分出多个细分领域，形成更加丰富的未来产业图谱。

二是未来产业演化进程梯次化。未来产业各领域前沿技术发展存在明显的时序差异和交叉演化特征，如大数据技术与人工智能图像、语音和大模型等技术交叉促进人工智能快速演化，数字技术与生物信息技术交叉促进生物技术产生新突破，新型通信技术与商业航天技术交叉促进卫星互联网演化发展等。不同未来产业技术发展时序决定了产业演化的前后梯次，同时技术交叉演化特性决定了前序未来产业的一项或多项技术突破，将随之引发后序未来产业的新技术突破，推动后序未来产业向前演化，使未来产业整体呈现出梯次演化特征，交叉融合还加快了集束式产业群的梯次演化进程。

三是未来产业发展模式创新化。未来产业发展需要新型研发组织模式和新商业模式。为适应未来产业发展需求，全球主要国家开展了新型研发组织模式探索，通过探索前沿科技研究机构与企业等创新主体充分互动的研发网络、融合创新链与产业链的创新联合体、跨越基础研究到产业化的全链条研究机构等多种模式，构建未来产业研发创新模式。同时，研发创新模式的变革，将促进技术转化使产业组织、商业模式等产生新变革，形成新的产业发展模式。

四是未来产业发展布局特色化。世界代表性国家未来产业布局主要基于各自的认知与研判,既有重合交叉,也有特色差异,未来产业领域前沿研究周期长、投入强度高的特点,决定了未来产业发展与国家或城市战略导向、科研优势、产业基础、人才集聚和经济实力等密切关联。全球代表性国家纷纷根据自身战略需要、研发实力和资本力量,选择自身未来产业布局方向和重点领域,如美国鉴于其全球未来产业领导者战略定位和强大科技与经济实力,在人工智能、量子信息科学、生物技术、下一代无线网络、先进制造、合成生物学、先进能源、先进材料、商业航天等领域做了全面布局;韩国则致力于系统芯片、未来移动交通和生物技术等三大领域;中国则多层次布局了可能实现超越的人工智能、新能源、医疗健康等新领域。

五是未来产业发展目标多元化。由于未来产业发展具有战略性和长期性,各国布局发展未来产业的动因各异。中国以抢占发展先机,争取未来产业发展自主权和主动权为动力,美国以保持未来产业主导地位为目标,英国、法国则以应对未来挑战,保障可持续性稳定发展为重点,日本以"社会5.0"愿景为导向,韩国以培育未来竞争的特定优势产业为导向,各国布局呈现出显著的多元化发展目标。但就本质而言,各国发展未来产业主要是把握未来产业的先行机遇,孵化新产业,维持各国可持续或追赶超越的发展路径。

第三章

前沿科技潜力技术库构建与技术领域分析

未来产业所特有的前沿新技术驱动属性，决定了布局未来产业的基石是找准前沿科技发展趋向。从纷繁复杂的前沿科技研究中，分析、筛选前沿科技发展重点和热点，找出符合未来产业发展特征的技术领域，剖析各领域关键技术研究和产业化进度，综合技术转化、投资、应用场景、资源集聚等多方面因素，方能前瞻性研判未来产业发展潜力和进程。

第一节　前沿科技潜力技术库构建

遴选前沿科技发展重点和热点，一项重要的前期基础工作是汇集、分析和梳理各领域研究动态和趋势，以构建具有权威性、客观性、完备性的前沿科技潜力技术库。

高德纳（Gartner）等国际科技战略研究与咨询机构，长期关注全球主要研究型大学、专业研究机构和科技企业的重大研究进展和动态趋向，综合研究文献、专利、创新投资等，运用技术预见等专业研判方法，做出了对各机构一定阶段前沿技术发展重点和趋势等的专业研判。

该类专业机构的研判既反映出全球各领域的科学技术研究进展和动态，也反映出各机构的专业研判偏重，兼具权威性、客观性，也有一定的主观性。广泛汇集各类研究机构的专业研判，可有效解决主观性和偏向性问题，构建权威、客观、完备的前沿科技潜力技术库。

通过采集全球主要科技战略与咨询权威机构的专业分析研判成果，我们综合梳理分析近阶段各机构提出的532项前沿技术，构建了国际前沿科技潜力技术库。

该潜力技术库的潜力技术，主要来源于以下方面：

（1）中国工程院、科睿唯安公司与高等教育出版社联合发布的《全球工程前沿2021》，中国工程院发布的《全球工程前沿2020》；

（2）高德纳发布的《2020年中国ICT技术成熟度曲线》《2020年Gartner新兴技术成熟度曲线图》《2021年Gartner新兴技术成熟度曲线图》；

（3）世界经济论坛和《科学美国人》杂志召集国际专家指导小组推出的《2020十大新兴技术》；

（4）《麻省理工科技评论》发布的2020年"全球十大突破性技术"；

（5）浙江大学中国科教战略研究院发布的《重大领域交叉前沿方向2021》等。

第二节 前沿科技潜力技术领域分析

　　深入分析前述构建的国际前沿科技潜力技术库532项技术，对每项技术提炼3~8个关键词（合计关键词数2615个），然后对关键词进行分析、整理和优化，按照SATI软件所要求的EndNote格式进行归类和整理。

　　首先，将保存好的EndNote格式文件导入SATI软件，转换格式和抽取关键词字段；接着，通过人工方式合并含义相同的词汇，将与本研究无关的词汇剔除；最后，使用SATI软件进行关键词词频统计，根据高频关键词计算公式得出排名靠前的高频关键词，绘制关键词知识图谱进行分析。

　　根据上述分析，进行国际前沿科技潜力技术的关键词词频统计，所得出的高频词见表5，关键词知识图谱见图1。

表5　国际前沿科技的潜力技术高频词表

关键词	频次	占比%	关键词	频次	占比%
人工智能	89	3.4034	太赫兹通信	18	0.6883
新一代信息技术	43	1.6444	云计算	16	0.6119
肿瘤	37	1.4149	商业航天	16	0.6119
大数据	32	1.2237	巡航控制	16	0.6119
基因编辑	26	0.9943	脑科学	16	0.6119
生物智能	24	0.9178	量子信息	16	0.6119
疫苗	23	0.8795	网络安全	15	0.5736
免疫治疗	22	0.8413	计算机网络	14	0.5354

续表

关键词	频次	占比%	关键词	频次	占比%
物联网	10	0.3824	量子计算	8	0.3059
计算机网络技术	10	0.3824	智能制造	7	0.2677
量子通信	10	0.3824	脑机交互	7	0.2677
深度学习	9	0.3442	区块链	6	0.2294
自适应巡航	9	0.3442	合成生物学	6	0.2294
智能通信	8	0.3059	工业互联网	6	0.2294
精准医疗	8	0.3059	生物制造	6	0.2294
纳米材料	8	0.3059	空间站	6	0.2294
可见光通信	13	0.4971	立体交通	6	0.2294
智能驾驶	13	0.4971	药物筛选	6	0.2294
神经网络	13	0.4971	计算机	6	0.2294
火箭回收	12	0.4589	飞行器结构	6	0.2294
确定性网络	12	0.4589	crisprcas9	5	0.1912
精准定位	12	0.4589	DNA合成	5	0.1912
靶向治疗	12	0.4589	垂直起降技术	5	0.1912
卫星传输	11	0.4207	机器学习	5	0.1912
无人机	11	0.4207	模型预测控制	5	0.1912
第六代移动通信	11	0.4207	生物三维打印	5	0.1912
药物递送	11	0.4207	航空航天材料	5	0.1912

资料来源：广州创新战略研究院。

图1　国际前沿科技的潜力技术关键词知识图谱

第三节　前沿科技潜力领域分析结果

　　根据国际前沿科技的潜力技术关键词知识图谱，可将国际前沿科技的潜力技术归为6个主要类团，具体如下：

　　类团1：主要包括肿瘤、基因编辑、免疫治疗、精准医疗、靶向治疗、药物递送、疫苗、DNA合成、生物制造、合成生物学等。

　　类团2：主要包括人工智能、深度学习、大数据、区块链、网络安全、脑科学、脑机交互、生物智能、神经网络、云计算等。

　　类团3：主要包括新一代信息技术、物联网、智能制造、工业互联网、智能通信、太赫兹通信、第六代移动通信、可见光通信、确定性网络等。

　　类团4：主要包括量子信息、量子通信、量子计算等。

　　类团5：主要包括智能驾驶、立体交通、精准定位、巡航控制、自适应巡航、垂直起降技术等。

　　类团6：包括商业航天、空间站、无人机、火箭回收、飞行器结构、纳米材料等。

　　可以看出，当前全球科技发展的潜力技术主要集中于人工智能、新一代信息技术、生物医药、先进制造、新材料等主要技术领域，各主要技术领域由系列相互关联的细分技术领域组成，深度学习、药物筛选、精准定位、云计算、无人机、大数据等专题技术领域存在明显的跨类团联系，组成各类团的细分技术演化发展进程具有明显差异性，如大数据、云计算、物联网等技术虽仍在演化发展中，但其关键核心技术已进入成熟期，产业化应用相对广泛，已经发展出一批战略性新兴产业，量子、生物智能等部分技术组则尚处于技术演化发展导入期或成长期，将是驱动未来产业孕育的引擎。

综合潜力技术关键词知识图谱、高频词表，以及主要细分技术领域及产业的文献资料，按照潜力技术族群细分技术构成、演化进程、交叉演化、技术关联度、新需求、新产品等，凝练出合成生物、生物智能、智能飞行器、量子信息、商业航天、新一代无线通信技术等6个主题的未来产业热点及潜力技术领域（表6）。诚然，该6个未来产业热点及潜力技术领域，仅是我们根据专业机构预测的拆解分析与文献资料分析，经过综合研判提出的颠覆性强、前景好的未来产业潜力领域，并不意味着囊括了所有未来产业热点及潜力技术领域，新材料、新能源、先进制造、深海等领域仍存在富有潜力的未来产业技术领域。同时，随着前沿研究的新发展、新突破，也可能爆发出新的潜力技术领域。

表6　未来产业热点及潜力技术领域

序号	未来产业热点及潜力技术	领域
1	合成生物	生物医药
2	生物智能	生物医药/人工智能
3	智能飞行器	人工智能/低空交通
4	量子信息	新一代信息技术
5	商业航天	航空航天
6	新一代无线通信技术	新一代信息技术

资料来源：广州创新战略研究院。

　　针对上述提出的未来产业热点及潜力技术领域，下一步将深入研究分析其技术生命周期特征和产业演化发展进程。即采用专利指标、S曲线模型等方法，逐一分析合成生物等重点潜力技术领域的生命周期特征，综合各类技术指标和态势，研判识别6个主要潜力技术领域的技术演化发展阶段。然后，通过分析潜力技术领域未来产业的产业发展、市场前景、创新资本参与度、技术与产品创新进展、研究热点与研究前沿等多维度情况，研判其产业演化进程，以全景分析6个主要前沿技术驱动的未来产业演化进展与趋势。

第四章

技术生命周期基本理论与重点前沿技术分析

未来产业孕育成长源于前沿技术的突破与演化，其所依托的技术演化进程，对研判未来产业演化阶段具有重要价值。鉴于全球专利制度的成熟度及不同专利制度的分类差异，需要综合利用多种分析方法，定性与定量结合，以揭示重点前沿技术的演化阶段。

第一节　技术生命周期基本理论

技术生命周期是指某项技术的整个发展过程。技术，特别是现代技术，一般由基础科学研究衍生，进而研究开发出应用技术，设计新产品投入市场，直至该类技术产品完全退出市场。通常而言，技术生命周期可划分为导入期、成长期、成熟期和衰退期4个阶段。

专利指标法和S曲线模型法是技术生命周期的两种重要分析方法。专利指标法是定量与定性相结合的方法，其中各个指标都需要逐年计算，但指标相对容易采集。而S曲线模型法则是一种定量分析方法，通过定量计算可清晰描绘出简洁明了的技术发展趋势图，进而得出生命周期各阶段的分界点。

一、专利指标法

实施专利指标法的主要步骤为：

（1）计算技术生长系数（V）、技术成熟系数（α）、技术衰老系数（β）和新技术特征系数（N）这4个指标的历年值；

（2）分析各个指标历年的变化趋势；

（3）判断该技术在历年所处的阶段（表7）。

表7　专利指标和技术生命周期的关系

阶段	V	α	β	N
导入期	↑逐年增长，但增速缓慢	↑	↑	↑
成长期	↑增速明显	↑	↑	↑
成熟期	↓	↓	↑或不变	↓
衰退期	↓	↓	↓	↓

注：↑表示增长趋势，↓表示减缓趋势。

1. 技术生长系数

技术生长系数是指某技术领域当年发明专利申请量占过去5年该技术领域发明专利申请总量的比例，如果连续几年技术生长系数持续增大且增速明显，则说明该技术处于成长期。式（1）中a代表某技术领域当年发明专利申请量，A代表该技术领域过去5年发明专利申请总量。

$$V=a/A \qquad (1)$$

2. 技术成熟系数

技术成熟系数是指某技术领域当年发明专利申请量占该技术领域当年发明专利申请量和实用新型专利授权量总和的比例，若α逐渐减小，则表示该技术处于成熟期或衰退期。式（2）中，a的意义同上，b表示该技术领域当年的实用新型专利授权量。

$$\alpha=a/(a+b) \qquad (2)$$

3. 技术衰老系数

技术衰老系数是指某技术领域当年发明专利申请量和实用新型专利授权量占该技术领域当年发明专利申请量、实用新型专利和外观设计专利授权量总和的比例，如果β逐年变小，则说明该技术处于衰退期。式（3）中，a、b的含义同上，c表示该技术领域当年的外观设计专利授权量。

$$\beta = (a+b) / (a+b+c) \qquad\qquad （3）$$

4. 新技术特征系数

新技术特征系数由技术生长系数和技术成熟系数推算而来，见式（4）。在某一技术领域，如果N值越大，则说明新技术的特征越强。

$$N=\sqrt{V+\alpha} \qquad\qquad （4）$$

二、S曲线模型法

Holger Ernst 于1997年率先利用S曲线界定技术生命周期的各个阶段，他通过观察指出：新生技术开始时发展都比较慢，经过一段时间超越某个技术界限后，其成长速度变得特别快，而当其速度达到一定上限后，成长速度就会再度放慢，图形表现如同"S"形状。

S曲线主要包括Logistic、Gompertz两种曲线，前者是对称的，后者是不对称的。其中，Logistic曲线在实践中应用比较广泛。Logistic曲线由Verhulst在1838年率先提出，该曲线可以用如下关于时间变量t的函数表示：

$$y=f(t)=\frac{l}{1+\alpha e^{-\beta t}} \qquad\qquad （5）$$

式（5）中：y表示某技术的专利累计申请量；l、α和β为参数；t为时间。利用某技术的专利申请量数据拟合出Logistic曲线，就可以判断其生命周期的各个阶段。如图2所示，纵轴为技术的专利累计申请量，横轴为时间，S曲线是技术专利总数与时间的关系。纵轴上的k值为S曲线的y值（专利累计申请量）无限逼近的最大值。t_{10}为专利总量达到最大值10%时对应的时间点，即$f(t_{10})=10\%k$，同理，$f(t_{50})=50\%k$，$f(t_{90})=90\%k$。一般认为，t_{10}之前即

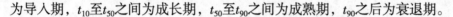

为导入期，t_{10}至t_{50}之间为成长期，t_{50}至t_{90}之间为成熟期，t_{90}之后为衰退期。

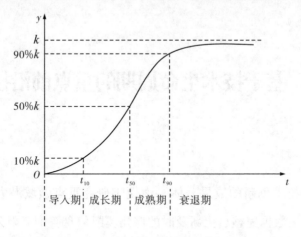

图2 Logistic曲线描述的技术生命周期

全球有57个国家和地区建立了实用新型专利制度，包括中国、德国、日本、韩国、澳大利亚等国家，但美国、英国、以色列等国家未设立实用新型专利制度。采用专利指标法分析时，虽然实用新型专利在前沿技术驱动的未来产业技术领域所占比例很小，但也会因为无法分割该部分国家的实用新型专利，在一定程度上影响技术成熟系数指标的准确性，也会在一定程度上导致技术生长系数和新技术特征系数呈偏大倾向。为减少这类因素导致的误差，更加准确地判断前沿技术在全球范围的生命周期阶段，我们将专利指标法与S曲线模型法结合起来分析。

第二节　基于技术生命周期的重点前沿技术分析

专利是技术创新的成果载体，为便于研究重点领域潜力技术演变情况，我们采用数据完整、更新及时的广州奥凯信息咨询有限公司的专利检索分析数据库作为专利分析工具。检索范围为全球专利，年份标准为专利公开年，检索时间范围为2000—2021年，专利类型包括发明专利、实用新型专利和外观设计专利，同时对检索结果进行申请号合并处理。

利用专利分析工具，对前述筛选确定的合成生物、生物智能、智能飞行器、量子信息、商业航天、新一代无线通信技术等6大热点及潜力技术领域进行检索分析，主要情况如下。

一、合成生物

合成生物学以分子生物学、系统生物学等多学科为发展基础，作为以工程化设计为理念，有目标地设计、改造，甚至从头合成特定功能生物系统的前沿新兴交叉学科，融合生物学、化学、物理、数学、信息、工程、计算机等多学科。合成生物学通过标准化、自动化、智能化技术，改造和优化现有自然生物体系，主要包含核酸与基因组合（DNA合成）、底盘细

胞、基因回路设计、基因编辑、代谢网络、生物大分子、细胞工厂、工程
生物系统等技术领域，从上述领域专利情况可反映出合成生物专利布局
情况。

通过各细分技术领域关键词检索相应领域的专利（表8）。以"DNA
synthesis，chassis cells，genetic circuit design，gene editing，metabolic
network，biomacromolecule，cell factory，engineering biological systems"为关
键词对专利的标题、摘要进行检索，通过人工降噪去重，得到合成生物产
业专利数据，检索范围内共有35895件专利。

表8 合成生物主要检索关键词

中文检索关键词	英文检索关键词
核酸与基因组合（DNA合成）	DNA synthesis
底盘细胞	chassis cells
基因回路设计	genetic circuit design
基因编辑	gene editing
代谢网络	metabolic network
生物大分子	biomacromolecule
细胞工厂	cell factory
工程生物系统	engineering biological systems

下面根据专利数据，利用专利指标法结合S曲线模型法对合成生物发展
情况进行分析（表9、图3）。

（一）专利指标法分析

表9　合成生物专利指标数据

公开年	当年发明专利申请量a	过去5年发明专利申请总量A	当年实用新型专利授权量b	当年外观设计专利授权量c	技术生长系数V	技术成熟系数α	技术衰老系数β	新技术特征系数N
2000	145	—	0	0	—	1.000	1.000	—
2001	230	—	1	0	—	0.996	1.000	—
2002	307	—	0	0	—	1.000	1.000	—
2003	378	—	0	0	—	1.000	1.000	—
2004	342	1402	0	0	0.244	1.000	1.000	1.115
2005	403	1660	0	0	0.243	1.000	1.000	1.115
2006	293	1723	0	0	0.170	1.000	1.000	1.082
2007	302	1718	0	0	0.176	1.000	1.000	1.084
2008	336	1676	0	0	0.200	1.000	1.000	1.096
2009	369	1703	0	0	0.217	1.000	1.000	1.103
2010	331	1631	0	0	0.203	1.000	1.000	1.097
2011	387	1725	1	0	0.224	0.997	1.000	1.105
2012	434	1857	0	0	0.234	1.000	1.000	1.111
2013	521	2042	0	0	0.255	1.000	1.000	1.120
2014	831	2504	1	0	0.332	0.999	1.000	1.154
2015	1217	3390	2	1	0.359	0.998	0.999	1.165
2016	1847	4850	7	0	0.381	0.996	1.000	1.173
2017	2528	6944	3	0	0.364	0.999	1.000	1.167
2018	3449	9872	2	6	0.349	0.999	0.998	1.161
2019	4139	13180	3	0	0.314	0.999	1.000	1.146
2020	4896	16859	4	0	0.290	0.999	1.000	1.136
2021	5942	20954	3	0	0.284	0.999	1.000	1.133

数据来源：广州奥凯信息咨询有限公司的专利检索分析数据库。

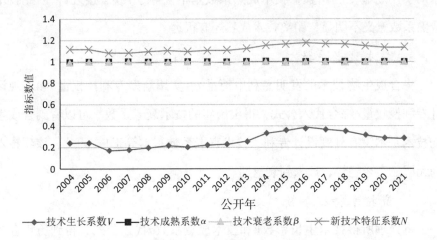

图3 合成生物专利指标分析曲线

1. 技术生长系数

对检索到的专利进行统计，将当年合成生物的发明专利申请量a和该技术过去5年的发明专利的申请总量A的数据代入公式计算，得出每一年的合成生物技术生长系数。2004—2013年技术生长系数在0.2附近波动，技术生长系数从2013年开始出现较快增长，2016年合成生物技术生长系数上升至0.381，表明2013年前合成生物主要处于基础研究阶段，2013年开始出现技术上的新突破，技术开发和应用不断拓展，引发合成生物更多技术领域开启专利布局进程。

2. 技术成熟系数

将合成生物的发明专利申请量a以及该技术的发明专利申请量和实用新型专利授权量的总和a+b代入公式，得出历年的技术成熟系数。技术成熟系数在0.99~1范围内波动，说明合成生物专利以发明专利为主，个别年份有零星的实用新型专利出现，技术成熟系数基本上等于1或者接近1，因此技术成熟系数意义不明显，距离技术成熟还有很远。

3. 技术衰老系数

将合成生物技术的发明专利申请量a、实用新型专利授权量b和外观设计专利授权量c综合代入公式，得出历年的技术衰老系数。可以看到合成生物技术基本没有外观设计专利，技术衰老系数基本等于1。因此，该项技术尚无明显衰老趋势，远未到衰退期。

4. 新技术特征系数

将处理所得技术生长系数V和技术成熟系数α代入公式，得到历年合成生物新技术特征系数。新技术特征系数一直在1.1上下波动，2006年处于低点1.082，然后开始出现比较稳定的上升趋势，2016年新技术特征系数上升到1.173，说明合成生物新技术特征较强，而且还在向更多新领域拓展。

（二）基于S曲线的预测分析

将表10中数据导入Loglet Lab4软件，导出S曲线，如图4所示，得到合成生物学技术生命周期预测的关键数据点，如表11所示。

表10 合成生物2000—2021年专利累计申请量

申请年	2000	2001	2002	2003	2004	2005	2006	2007	2008	2009	2010
专利累计申请量/件	145	376	683	1061	1403	1806	2099	2401	2737	3106	3437
申请年	2011	2012	2013	2014	2015	2016	2017	2018	2019	2020	2021
专利累计申请量/件	3825	4259	4780	5612	6832	8686	11217	14674	18816	23716	29661

数据来源：广州奥凯信息咨询有限公司的专利检索分析数据库。

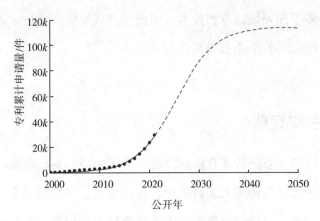

图4　合成生物技术生命周期S曲线

表11　合成生物S曲线关键数据点

项目	预计专利最大累计申请量/件	T_{10}/年	T_{50}/年	T_{90}/年
数据值	116231	2016	2025	2044

根据S曲线预测，合成生物技术在2016年进入成长期，预计2025年到达成长期和成熟期分界点，2044年进入衰退期。根据S曲线趋势，预计该技术专利最大累计申请量约为116231件。

（三）综合分析

合成生物技术不断演化发展，与医学、生物学等多个领域突破性技术密切相关，并且在经历过短暂停滞阶段后，又再度进入高速发展阶段。因此，与典型的Logistic S曲线相比，合成生物技术的专利累计申请量的增长趋势可能并不完全符合该曲线预测规律，实际上从阶段生命周期的角度来看，合成生物技术周期关键数据点所处的时间比S曲线预测时间更晚。同时，随着产业向前发展，合成生物产业技术不断实现跨领域技术突破，并逐渐涵盖更多不同领域的专利技术。因此，合成生物产业技术的专利最大累计申请量很大概率将超过S曲线的预测值。

二、生物智能

生物智能的核心是将现有认知神经科学等领域的最新成果、技术、研究工具和理论方法应用到人工智能中，模拟生物大脑，利用人工网络研究生物大脑特性等，以推动脑启发的人工智能发展，为通用智能研究开辟了一条新路径。生物智能主要包含DNA存储、生物计算机、类脑芯片、类脑AI、脑机接口、神经形态硬件、混合现实、认知计算等技术领域，以上领域的专利情况可基本反映出生物智能专利布局情况。

根据8个主要技术领域的关键词检索出相应领域的专利（表12），即以"DNA molecular memory, biocomputer, class brain chip, class brain AI, brain-computer interface（BCI），neuromorphic hardware, mixed reality, cognitive computing"为关键词对专利的标题、摘要进行检索，通过人工降噪去重，得到生物智能产业的专利数据，检索范围内共有2951件专利。

表12　生物智能主要技术领域及关键词

主要技术领域	英文检索关键词
DNA存储	DNA molecular memory
生物计算机	biocomputer
类脑芯片	class brain chip
类脑AI	class brain AI

续表

主要技术领域	英文检索关键词
脑机接口	brain–computer interface（BCI）
神经形态硬件	neuromorphic hardware
混合现实	mixed reality
认知计算	cognitive computing

　　根据检索出的专利数据，综合专利指标法和S曲线模型法对生物智能技术演化发展进展进行分析。

（一）专利指标法分析

表13　生物智能专利指标数据

公开年	当年发明专利申请量 a	过去5年发明专利申请总量 A	当年实用新型专利授权量 b	当年外观设计专利授权量 c	技术生长系数 V	技术成熟系数 α	技术衰老系数 β	新技术特征系数 N
2000	1	—	0	0	—	1.000	—	—
2001	2	—	1	0	—	0.667	—	—
2002	5	—	0	0	—	1.000	—	—
2003	5	—	0	0	—	1.000	—	—
2004	10	23	0	0	0.435	1.000	1.000	1.198
2005	22	44	0	0	0.500	1.000	1.000	1.225
2006	16	58	0	0	0.276	1.000	1.000	1.130
2007	10	63	1	0	0.159	0.909	1.000	1.033
2008	17	75	1	0	0.227	0.944	1.000	1.082
2009	24	89	1	0	0.270	0.960	1.000	1.109
2010	19	86	1	0	0.221	0.950	1.000	1.082
2011	30	100	3	0	0.300	0.909	1.000	1.100
2012	42	132	1	0	0.318	0.977	1.000	1.138

续表

公开年	当年发明专利申请量a	过去5年发明专利申请总量A	当年实用新型专利授权量b	当年外观设计专利授权量c	技术生长系数V	技术成熟系数α	技术衰老系数β	新技术特征系数N
2013	52	167	1	0	0.311	0.981	1.000	1.137
2014	80	223	4	0	0.359	0.952	1.000	1.145
2015	74	278	10	0	0.266	0.881	1.000	1.071
2016	129	377	4	1	0.342	0.970	0.993	1.145
2017	190	525	11	6	0.362	0.945	0.971	1.143
2018	330	803	7	7	0.411	0.979	0.980	1.179
2019	503	1226	5	13	0.410	0.990	0.975	1.183
2020	553	1705	7	24	0.324	0.988	0.959	1.145
2021	629	2205	13	18	0.285	0.980	0.973	1.125

数据来源：广州奥凯信息咨询有限公司的专利检索分析数据库。

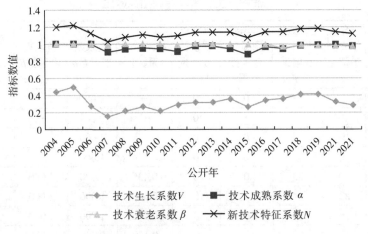

图5　生物智能专利指标分析曲线

1. 技术生长系数

对检索到的专利进行统计，将当年生物智能的发明专利申请量a和过去5年该技术的发明专利的申请总量A的数据代入公式计算，得出每一年的生物智能技术生长系数。生物智能技术生长系数呈先下降后上升的整体态势。2005年，技术生长系数达到0.5，到2007年技术生长系数下降至低点0.159，之后技术生长系数波动上升，2018年升至高点0.411。这说明从2007年开始，由于人工智能和生物医药的发展，生物智能得到新的发展，技术生长系数总体呈现上升趋势。

2. 技术成熟系数

将生物智能的发明专利申请量a以及该技术的发明专利申请量和实用新型专利授权量的总和$a+b$代入公式，得出历年的技术成熟系数。2004年后技术成熟系数在0.88～1范围内波动，在2007年、2011年、2015年出现三个波谷，其他年份基本接近1。原因是这几个年份实用新型专利布局增速高于发明专利布局，但生物智能产业仍处于研究发展早期阶段，距离生产应用还有相当一段距离，实用新型专利的数量相对发明专利而言占比仍处于低位，发明专利尚处于主导地位。

3. 技术衰老系数

将生物智能技术的发明专利申请量a、实用新型专利授权量b和外观设计专利授权量c综合代入公式，得出历年的技术衰老系数。可以看出生物智能技术领域外观设计专利数量较少，技术衰老系数基本等于1。可见，生物智能技术仍处于成长阶段，距离衰退期较远。

4. 新技术特征系数

将处理所得技术生长系数V和技术成熟系数α代入公式，得到历年生物智能新技术特征系数。与技术生长系数相似，新技术特征系数2005年出现明显下降，之后保持比较平稳状态。生物智能概念出现时间比较早，但一直没有相应的技术产品，沉寂一段时间后，由于人工智能和生物医药产业发展带来新发展机遇，从2007年开始，生物智能新技术特征系数波动上升。

（二）基于S曲线的预测分析

将表14中数据导入Loglet Lab 4软件中，导出S曲线，如图6所示，得到生物智能技术生命周期预测的关键数据点，如表15所示。

表14 生物智能2000—2021年专利累计申请量

申请年	2000	2001	2002	2003	2004	2005	2006	2007	2008	2009	2010
专利累计申请量/件	1	4	9	14	24	46	62	73	91	116	136
申请年	2011	2012	2013	2014	2015	2016	2017	2018	2019	2020	2021
专利累计申请量/件	169	212	265	349	433	567	774	1186	1707	2291	2951

数据来源：广州奥凯信息咨询有限公司的专利检索分析数据库。

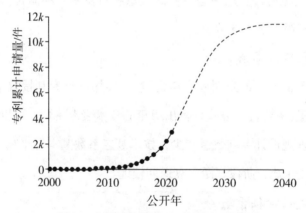

图6 生物智能技术生命周期S曲线

表15　生物智能S曲线关键数据点

项目	预计专利最大累计申请量/件	t_{10}/年	t_{50}/年	t_{90}/年
数据值	11538	2018	2024	2030

根据S曲线预测，生物智能技术在2018年进入成长期，2024年将到达成长期和成熟期分界点，预计2030年进入衰退期。根据S曲线趋势，预计该技术专利的最大累计申请量将达11538件。

（三）综合分析

对比专利指标法分析和S曲线预测分析，可以看出两种分析方法所得到的结果基本一致。随着生物技术、人工智能的进一步发展，生物智能将从导入期进入成长期，步入高速发展阶段，其生命周期曲线与S曲线拟合度较高。生物智能技术发展，可能交叉融入更多不同领域的专利技术，届时生物智能外延将会不断扩展，技术也将有很大发展空间，预计生物智能技术成熟期和衰退期的到来时间将比当前的预测时间更晚。

三、智能飞行器

智能飞行器是以人工智能、智能控制、自主导航、智能识别预警等先进技术为核心，跨越海、陆、空边界的未来交通装备，包括跨陆空的飞行车、跨海空的飞行船等自动飞行器系统。智能飞行器技术包含自动驾驶、低空技术、先进电池管理、飞行控制、交通数据处理、神经网络交通预测、自适应巡航控制、精准定位等技术，可以完成自主飞行、精准定位、目标搜索和跟踪等复杂任务。未来立体交通模式将模糊海、陆、空边界，路面行驶的汽车、空中的飞机、水面的船舶等将向智能飞行器演变。

以"automatic driving，low altitude technique，advanced battery management，flight control，traffic data processing，neural network traffic prediction，adaptive cruise control，precise localization"为关键词对专利的标题、摘要进行检索（表16），通过人工降噪去重后，得到智能飞行器产业的专利数据，检索范围内共有19048件专利。

表16　智能飞行器主要技术领域及关键词

主要技术领域	英文检索关键词
自动驾驶	automatic driving
低空技术	low altitude technique
先进电池管理	advanced battery management
飞行控制	flight control
交通数据处理	traffic data processing
神经网络交通预测	neural network traffic prediction
自适应巡航控制	adaptive cruise control
精准定位	precise localization

下面根据专利数据，利用专利指标法结合S曲线模型法对智能飞行器的发展情况进行分析（表17、图7）。

（一）专利指标法分析

表17 智能飞行器专利指标数据

公开年	当年发明专利申请量a	过去5年发明专利申请总量A	当年实用新型专利授权量b	当年外观设计专利授权量c	技术生长系数V	技术成熟系数α	技术衰老系数β	新技术特征系数N
2000	378	0	16	0	—	0.959	1.000	—
2001	423	0	17	0	—	0.961	1.000	—
2002	460	0	20	0	—	0.958	1.000	—
2003	547	0	17	0	—	0.970	1.000	—
2004	596	2404	21	0	0.248	0.966	1.000	1.102
2005	596	2622	31	0	0.227	0.951	1.000	1.085
2006	626	2825	25	0	0.222	0.962	1.000	1.088
2007	658	3023	17	0	0.218	0.975	1.000	1.092
2008	667	3143	21	0	0.212	0.969	1.000	1.087
2009	581	3128	17	0	0.186	0.972	1.000	1.076
2010	618	3150	15	0	0.196	0.976	1.000	1.083
2011	632	3156	26	0	0.200	0.960	1.000	1.077
2012	584	3082	17	0	0.189	0.972	1.000	1.078
2013	627	3042	27	0	0.206	0.959	1.000	1.079
2014	633	3094	20	0	0.205	0.969	1.000	1.083
2015	745	3221	14	0	0.231	0.982	1.000	1.101
2016	1011	3600	19	1	0.281	0.982	0.999	1.124
2017	1265	4281	29	1	0.295	0.978	0.999	1.128
2018	1522	5176	22	0	0.294	0.986	1.000	1.131
2019	1816	6359	29	7	0.286	0.984	0.996	1.127
2020	1889	7503	16	5	0.252	0.992	0.997	1.115
2021	1701	8193	20	3	0.208	0.988	0.998	1.094

数据来源：广州奥凯信息咨询有限公司的专利检索分析数据库。

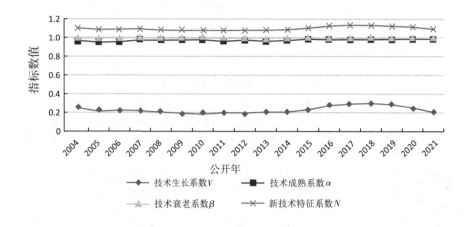

图7 智能飞行器专利指标分析曲线

1. 技术生长系数。

对检索到的专利进行统计，将当年智能飞行器技术的发明专利申请量 *a* 和过去5年该技术的发明专利的申请总量 *A* 的数据代入公式计算，得出每一年的智能飞行器技术生长系数。智能飞行器的技术生长系数基本保持在 0.18～0.3 范围内。2014年以前保持在比较平稳的状态，从2015年开始有比较明显的攀升，2017年技术生长率达到高点 0.295，之后缓慢下降回到 0.208。出现这种情况是因为从2010年代开始，人工智能迎来了第三次发展高潮，深度学习被应用到语音识别以及图像识别中，取得了非常好的效果，对于推动智慧交通、智能飞行器的发展有比较大的影响。随着产业技术的发展，吸收了大数据、人工智能带来的发展红利之后，智能飞行器的技术发展逐步回到正常速率。

2. 技术成熟系数及技术衰老系数。

将智能飞行器技术的当年发明专利申请量、实用新型专利和外观设计专利授权量综合代入公式，得出历年的技术成熟系数以及技术衰老系数。可以看到，技术成熟系数保持在0.95～1范围内，而技术衰老系数基本等于1。这说明智能飞行器还处于技术创新高速发展的阶段，未能从中看出该项技术的衰退迹象。

3．新技术特征系数。

将处理所得技术生长系数V和技术成熟系数α代入公式，得到历年智能飞行器的新技术特征系数，其主要呈现缓慢上升的趋势。从2009年的1.076缓慢上升至2018年的高点1.131，此后处于比较平稳的状态。这说明智能飞行器新技术特征较强，而且还在向更多新领域拓展。

（二）基于S曲线的预测分析

将表18中数据导入Loglet Lab 4 软件中，导出S曲线，如图8所示，得到智能飞行器技术生命周期预测的关键数据点，如表19所示。

表18　智能飞行器2000－2021年专利累计申请量

申请年	2000	2001	2002	2003	2004	2005	2006	2007	2008	2009	2010
专利累计申请量/件	394	834	1314	1878	2495	3122	3773	4448	5136	5734	6367

申请年	2011	2012	2013	2014	2015	2016	2017	2018	2019	2020	2021
专利累计申请量/件	7025	7626	8280	8933	9692	10723	12018	13562	15414	17324	19048

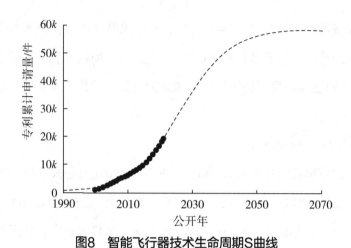

图8　智能飞行器技术生命周期S曲线

表19　智能飞行器S曲线关键数据点

项目	预计专利最大累计申请量/件	t_{10}/年	t_{50}/年	t_{90}/年
数据值	58683	2010	2027	2044

　　根据S曲线预测，智能飞行器技术在2010年进入成长期，2027年是成长期和成熟期的分界点，预计2044年进入衰退期。根据S曲线趋势，最终该技术专利的最大累计申请量为58683件。

（三）综合分析

　　智能飞行器主要结合人工智能以及大数据等技术手段，把新一代信息技术等领域的最新成果、技术、研究工具和理论方法应用到交通运输系统中。智能飞行器的设想是从智能汽车、无人机、飞行汽车等逐步演变而来，但在专利检索的过程中对汽车专利进行了降噪，因此生命周期S曲线前端的拟合程度不高。随着大数据、人工智能的发展，智能飞行器开始从导入期进入成长期。目前，除了自动驾驶、智能交通工具外，飞行汽车等概念也已经开始逐步实现，未来海、陆、空的交通边界可能更加模糊，智能船舶等更多的可能性也推动着智能飞行器的发展。智能飞行器对传统的海、陆、空交通规则的突破，除了需要技术的进步外，还需要政策规则上的跟进。

四、量子信息

量子信息技术是一种利用量子力学原理处理、存储和传输信息的技术。与传统计算机技术不同，它能够处理和储存更大量级的数据，并且更加安全。量子信息技术产业是基于这种技术的商业应用，包括硬件设备、算法、系统集成等方面的产品和服务。量子信息技术产业可以应用于很多领域，如通信、安全、计算、模拟和测量等。其细分领域主要包括量子通信、量子密钥、量子通道、量子隐形传态、量子密码、量子网络、量子中继、量子随机数、量子开关、量子加密等技术领域，以上领域的专利情况可以反映出量子信息专利的布局情况。根据技术领域的关键词检索相应领域的专利。

以"quantum communication，quantum key，quantum channel，quantum teleportation，quantum cryptography，quantum network，quantum relay，quantum random，quantum switch，quantum encryption"为关键词对专利的标题、摘要进行检索（表20），通过人工降噪去重，得到量子信息产业的专利数据，检索范围内共有1519件专利。

表20　量子信息主要技术领域及关键词

主要技术领域	英文检索关键词
量子通信	quantum communication
量子密钥	quantum key
量子通道	quantum channel
量子隐形传态	quantum teleportation
量子密码	quantum cryptography
量子网络	quantum network
量子中继	quantum relay
量子随机数	quantum random
量子开关	quantum switch
量子加密	quantum encryption

下面根据专利数据，利用专利指标法结合S曲线模型法对量子信息的发展情况进行分析。

（一）专利指标法分析

量子信息专利指标数据及指标分析曲线分别见表21、图9。

表21　量子信息专利指标数据

公开年	当年发明专利申请量a	过去5年发明专利申请总量A	当年实用新型专利授权量b	当年外观设计专利授权量c	技术生长系数V	技术成熟系数α	技术衰老系数β	新技术特征系数N
2000	17	—	0	0	—	1.000	1.000	—
2001	6	—	0	0	—	1.000	1.000	—
2002	25	—	0	0	—	1.000	1.000	—
2003	26	—	0	0	—	1.000	1.000	—
2004	42	116	0	0	0.362	1.000	1.000	1.167
2005	45	144	0	0	0.313	1.000	1.000	1.146
2006	78	216	0	0	0.361	1.000	1.000	1.167
2007	91	282	0	0	0.323	1.000	1.000	1.150

续表

公开年	当年发明专利申请量a	过去5年发明专利申请总量A	当年实用新型专利授权量b	当年外观设计专利授权量c	技术生长系数V	技术成熟系数α	技术衰老系数β	新技术特征系数N
2008	73	329	1	0	0.222	0.986	1.000	1.099
2009	75	362	1	0	0.207	0.987	1.000	1.093
2010	43	360	0	0	0.119	1.000	1.000	1.058
2011	42	324	0	0	0.130	1.000	1.000	1.063
2012	37	270	0	0	0.137	1.000	1.000	1.066
2013	41	238	0	0	0.172	1.000	1.000	1.083
2014	36	199	0	0	0.181	1.000	1.000	1.087
2015	34	190	1	0	0.179	0.971	1.000	1.073
2016	93	241	3	0	0.386	0.969	1.000	1.164
2017	88	292	2	0	0.301	0.978	1.000	1.131
2018	132	383	0	0	0.345	1.000	1.000	1.160
2019	125	472	1	0	0.265	0.992	1.000	1.121
2020	148	586	1	1	0.253	0.993	0.993	1.116
2021	208	701	3	0	0.297	0.986	1.000	1.133

数据来源：广州奥凯信息咨询有限公司的专利检索分析数据库。

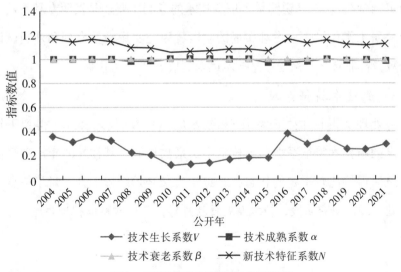

图9 量子信息专利指标分析曲线

1. 技术生长系数

对检索到的专利进行统计，将当年量子信息技术的发明专利申请量a和过去5年该技术的发明专利的申请总量A的数据代入公式计算，得出历年量子信息技术生长系数。量子信息的技术生长系数波动比较明显。2006年开始从0.361下降，2010年降至0.119，之后比较平稳，到2015年突然从0.179攀升至2016年的0.386，然后保持在相对高的数值，此后技术生长系数主要在0.2～0.4范围内波动。这说明量子信息处于技术生长的初级阶段，技术发展不稳定，未形成有效的、成熟的生长体系。

2. 技术成熟系数及技术衰老系数

将量子信息技术的当年发明专利申请量a以及该技术的当年发明专利和实用新型专利授权量的总和$a+b$代入公式，得出历年的技术成熟系数。将量子信息技术的发明专利申请量a、实用新型授权量b和外观设计授权量c综合代入公式，得出历年的技术衰老系数。技术成熟系数及技术衰老系数都基本稳定维持在1左右，说明量子信息技术的专利主要还是发明专利，甚至大部分科研工作还没进入专利布局的阶段，因此实用新型专利和外观设计专利的数量都非常少，量子信息技术远未到成熟期、衰退期。

3. 新技术特征系数

将处理所得技术生长系数V和技术成熟系数α代入公式，得到历年量子信息的新技术特征系数。与技术生长系数相似，其在2007年出现轻微下降，之后保持比较平稳的状态，2015年后又开始缓慢上升。量子信息目前主要处于理论研究阶段，技术发展日新月异，新技术特征相当明显。

（二）基于S曲线的预测分析

将表22中数据导入Loglet Lab 4 软件中，导出S曲线，如图10所示，得到量子信息技术生命周期预测的关键数据点，如表23所示。

表22　量子信息2000－2021年专利累计申请量

申请年	2000	2001	2002	2003	2004	2005	2006	2007	2008	2009	2010
专利累计申请量/件	17	23	48	74	116	161	239	330	404	480	523

申请年	2011	2012	2013	2014	2015	2016	2017	2018	2019	2020	2021
专利累计申请量/件	565	602	643	679	714	810	900	1032	1158	1308	1519

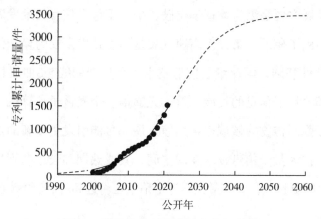

图10　量子信息技术生命周期S曲线

表23　量子信息S曲线关键数据点

项目	预计专利最大累计申请量/件	t_{10}/年	t_{50}/年	t_{90}/年
数据值	3507	2008	2023	2039

根据S曲线预测，量子信息技术在2008年进入成长期，2023年是成长期和成熟期的分界点，预计2039年进入衰退期。根据S曲线趋势，最终该技术专利的最大累计申请量为3507件。

（三）综合分析

量子信息作为量子力学与信息学交叉形成的边缘学科，不但为经典信息科学带来了新机遇和新挑战，而且也极大地丰富了量子理论本身，深化了量子力学基本原理，进一步验证了量子理论的科学性。国际上，量子信息科学领域研究工作仍处于起步阶段，我国量子信息研究工作基本与国际同步，且在多个领域居于领先地位。从生命周期曲线可以看出，量子信息技术曾出现过加速发展然后发展速度减缓，接着迎来高速发展的过程。第一次加速发展主要是因为物理学突破，推动了量子信息技术发展，但很快技术发展遇到了瓶颈。第二次高速发展是信息技术发展为量子信息发展提供了新的硬件基础，因此量子信息技术生命周期曲线与S曲线拟合出现不对称性。随着量子信息的发展，量子光通信、全光量子计算机、量子隐形传态、量子隐形传物等领域也将加速发展，可能引发更多新的重大技术突破，进一步扩大量子信息技术发展空间，其成熟期和衰退期到来的时间可能比预计时间更长晚，专利最大累计申请量也将远超S曲线预测值。

五、商业航天

商业航天技术包含空天信息、先进遥感技术、航空航天导航、航空航天材料、空天装备、飞行器结构、空间站、可回收火箭、商用卫星、地空通信等多个细分技术领域，多用于通信、物流、遥感、导航定位、地理信息、空间科学探测、天基太阳能等场景。根据商业航天主要技术领域的关键词，检索出相应领域专利，可基本反映商业航天专利布局情况（表24）。

以"aero space information，remote sensing，aerospace navigation，aerospace material，aero space equipment，structure of aircraft，space station，recoverable rocket，commercial satellite，ground-to-air communications"为关键词，检索专利的标题和摘要，通过人工降噪去重，得到商业航天产业的专利数据，检索范围内共有5621件专利。

表24　商业航天主要技术领域及关键词

主要技术领域	英文检索关键词
空天信息	aero space information
先进遥感技术	remote sensing
航空航天导航	aerospace navigation
航空航天材料	aerospace material
空天装备	aero space equipment
飞行器结构	structure of aircraft
空间站	space station
可回收火箭	recoverable rocket
商用卫星	commercial satellite
地空通信	ground-to-air communications

下面根据专利数据，利用专利指标法结合S曲线模型法分析商业航天技术演化发展情况。

（一）专利指标法分析

商业航天专利指标数据及指标分析曲线分别见表25、图11。

表25　商业航天专利指标数据

公开年	当年发明专利申请量a	过去5年发明专利申请总量A	当年实用新型专利授权量b	当年外观设计专利授权量c	技术生长系数V	技术成熟系数α	技术衰老系数β	新技术特征系数N
2000	97	—	9	0	—	0.915	1.000	—
2001	148	—	8	0	—	0.949	1.000	—
2002	189	—	7	0	—	0.964	1.000	—
2003	160	—	10	0	—	0.941	1.000	—
2004	161	755	9	0	0.213	0.947	1.000	1.077
2005	166	824	8	0	0.201	0.954	1.000	1.075
2006	144	820	10	0	0.176	0.935	1.000	1.054
2007	185	816	4	0	0.227	0.979	1.000	1.098
2008	187	843	6	0	0.222	0.969	1.000	1.091
2009	263	945	8	0	0.278	0.970	1.000	1.117
2010	230	1009	6	0	0.228	0.975	1.000	1.097
2011	240	1105	9	0	0.217	0.964	1.000	1.087
2012	260	1180	6	0	0.220	0.977	1.000	1.094
2013	278	1271	8	0	0.219	0.972	1.000	1.091
2014	214	1222	6	1	0.175	0.973	0.995	1.071
2015	271	1263	15	2	0.215	0.948	0.993	1.078
2016	274	1297	10	0	0.211	0.965	1.000	1.084
2017	301	1338	11	1	0.225	0.965	0.997	1.091
2018	328	1388	12	0	0.236	0.965	1.000	1.096
2019	370	1544	15	1	0.240	0.961	0.997	1.096
2020	406	1679	13	0	0.242	0.969	1.000	1.100
2021	542	1947	8	4	0.278	0.985	0.993	1.124

数据来源：广州奥凯信息咨询有限公司的专利检索分析数据库。

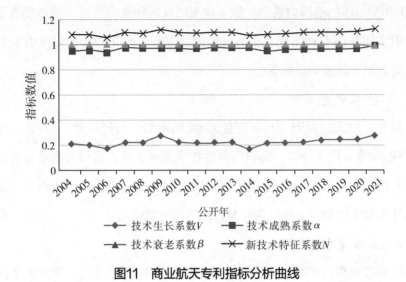

图11 商业航天专利指标分析曲线

1. 技术生长系数

通过统计检索出的专利数据，将当年商业航天发明专利申请量a和过去5年该技术的发明专利的申请总量A的数据代入公式计算，得出历年的商业航天的技术生长系数。数据显示，商业航天的技术生长系数主要在0.17～0.28范围内波动，整体呈缓慢上升的态势。2009年达到高点0.278，后缓慢下降到2014年的低点0.175，随后又缓慢上升到2021年的0.278。商业航天是《中华人民共和国国民经济和社会发展第十四个五年规划和2035年远景目标纲要》中明确提出的具有前瞻性、战略性的国家重大科技项目之一，技术创新正处于平稳有序的发展状态。

2. 技术成熟系数

将商业航天的发明专利申请量a以及该技术的发明专利申请量和实用新型专利授权量的总和$a+b$代入公式，得出历年的技术成熟系数。技术成熟系数在0.915～0.985范围内波动。航空航天的发展历史非常长,虽然发展至今一直有实用新型专利出现,但商业航天的专利布局主要还是以发明专利为主,商业航天远未到成熟期。

3. **技术衰老系数**

将商业航天的发明专利申请量a、实用新型专利授权量b、外观设计专利授权量c综合代入公式,得出历年的技术衰老系数。可以看到商业航天基本没有外观设计类型的专利,因此技术衰老系数基本等于1。未能从中看出该项技术衰老的趋势,所以商业航天还远未到衰退期。

4. **新技术特征系数**

将处理所得技术生长系数V和技术成熟系数α代入公式,得到历年商业航天的新技术特征系数,其基本处于平稳状态。可以看到商业航天的新技术特征系数一直在1.1上下波动,新技术特征较强,且还在不断演化产生新的突破。

(二)基于S曲线的预测分析

将表26中数据导入Loglet Lab 4 软件中,生成S曲线,如图12所示,得到商业航天的技术生命周期预测的关键数据点,如表27所示。

表26　商业航天2000—2021年专利累计申请量

申请年	2000	2001	2002	2003	2004	2005	2006	2007	2008	2009	2010
专利累计申请量/件	106	262	458	628	798	972	1126	1315	1508	1779	2015
申请年	2011	2012	2013	2014	2015	2016	2017	2018	2019	2020	2021
专利累计申请量/件	2264	2530	2816	3037	3325	3609	3922	4262	4648	5067	5621

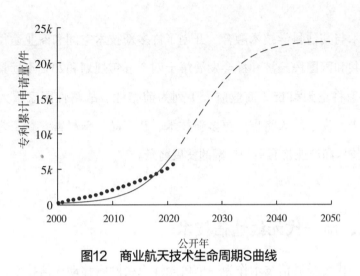

图12　商业航天技术生命周期S曲线

表27　商业航天S曲线关键数据点

项目	预计专利最大累计申请量/件	T_{10}/年	T_{50}/年	T_{90}/年
数据值	23107	2012	2025	2036

根据S曲线预测，商业航天技术2012年进入成长期，2025年将到达成长期和成熟期分界点，2036年将进入衰退期。根据S曲线趋势，该技术专利的最大累计申请量预计为23107件。

（三）综合分析

航空航天事业发展是20世纪科学技术飞跃进步的结果，航空航天集中了众多科学技术发展新成就。特别是航天领域，过往一直以军事用途为主，商业航天技术多由军事航天发展而来，鉴于部分军事领域技术无法通过专利形式获取，商业航天生命周期曲线前端与S曲线的拟合效果不佳。21世纪以来，民用航天潜力渐显，空间物理探测、空间天文探测、卫星气象观测、卫星海洋观测、卫星广播通信、卫星导航等成为重要应用领域，航天技术与其他科学技术融合，开创了许多新技术空间和商业途径，《中华人民共和国国民经济和社会发展第十四个五年规划和2035年远景目标纲要》明确将空天科技（商业航天）列为前瞻性、战略性国家重大科技项目。未来，商业航天将催生更多新技术、新产品、新材料、新工艺、新应用等，技术和产业将有更为广阔的发展前景。

六、新一代无线通信技术

新一代无线通信技术作为一个概念性无线网络移动通信技术，主要为以第六代移动通信为核心的无线通信新技术，具有柔性、至简、按需服务、内生智慧、数字孪生、内生安全等特征。新一代无线通信技术致力解决5G网络面临的高成本、高功耗、操作和维护难等主要问题，可在无人工参与的情况下支持网络自生成、自修复、自演化和自免疫。新一代无线通信包含太赫兹通信、可见光通信、轨道角动量、确定性网络、超大规模天线技术、基于AI的空口技术、卫星传输等技术领域。根据上述技术领域关键词检索出的相应专利情况，可基本反映出新一代无线通信技术的演化情况（表28）。

以 "terahertz communication, visible light communication（VLC）, orbital angular momentum（OAM）, deterministic network, massive MIMO, wireless transmission based on AI, satellite transmission" 等关键词，检索专利的标题和摘要，通过人工降噪去重，得到新一代无线通信技术的专利数据，检索范围内共有2407件专利。

表28　新一代无线通信主要技术领域及关键词

主要技术领域	英文检索关键词
太赫兹通信	terahertz communication
可见光通信	visible light communication（VLC）
轨道角动量	orbital angular momentum（OAM）
确定性网络	deterministic network
超大规模天线技术	massive MIMO
基于AI的空口技术	wireless transmission based on AI
卫星传输	satellite transmission

　　下面根据专利数据，利用专利指标法结合S曲线模型对新一代无线通信技术发展情况进行分析。

（一）专利指标法分析

　　新一代无线通信技术专利指标数据及指标分析曲线分别见表29、图13。

表29　新一代无线通信技术专利指标数据

公开年	当年发明专利申请a	过去5年发明专利申请总量A	当年实用新型专利授权量b	当年外观设计专利授权量c	技术生长系数V	技术成熟系数α	技术衰老系数β	新技术特征系数N
2000	40	—	1	0	—	0.976	1.000	—
2001	39	—	0	0	—	1.000	1.000	—
2002	50	—	2	0	—	0.962	1.000	—
2003	33	—	2	0	—	0.943	1.000	—
2004	23	185	1	0	0.124	0.958	1.000	1.040
2005	36	181	0	0	0.199	1.000	1.000	1.095
2006	46	188	0	0	0.245	1.000	1.000	1.116
2007	45	183	0	0	0.246	1.000	1.000	1.116
2008	61	211	0	0	0.289	1.000	1.000	1.135
2009	73	261	1	0	0.280	0.986	1.000	1.125

续表

公开年	当年发明专利申请a	过去5年发明专利申请总量A	当年实用新型专利授权量b	当年外观设计专利授权量c	技术生长系数V	技术成熟系数α	技术衰老系数β	新技术特征系数N
2010	79	304	0	0	0.260	1.000	1.000	1.122
2011	89	347	2	0	0.256	0.978	1.000	1.111
2012	80	382	0	0	0.209	1.000	1.000	1.100
2013	108	429	0	0	0.252	1.000	1.000	1.119
2014	120	476	2	0	0.252	0.984	1.000	1.112
2015	181	578	1	0	0.313	0.995	1.000	1.144
2016	193	682	6	0	0.283	0.970	1.000	1.119
2017	223	825	4	0	0.270	0.982	1.000	1.119
2018	249	966	9	0	0.258	0.965	1.000	1.106
2019	209	1055	7	0	0.198	0.968	1.000	1.080
2020	171	1045	10	0	0.164	0.945	1.000	1.053
2021	203	1055	7	1	0.192	0.967	0.995	1.077

数据来源：广州奥凯信息咨询有限公司的专利检索分析数据库。

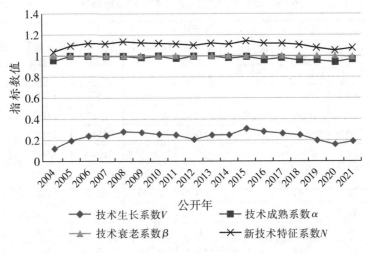

图13 新一代无线通信技术专利指标分析曲线

1. 技术生长系数

统计检索出的专利数据，将当年新一代无线通信技术的发明专利申请量a和过去5年该技术领域发明专利申请总量A的数据代入公式计算，得出每一年新一代无线通信技术的技术生长系数。新一代无线通信技术的技术生长系数主要在0.12～0.32范围内波动，整体呈波动起伏的态势。从2004年的低点0.124上升到2008年的高点0.289，然后又回落到2012年的低点0.209，此后2015年达到高点0.313，2020年又回到低点0.164。从移动网络发展趋势来看，下一代无线通信技术的诞生，往往建立在上一代通信网络基础上。然而，新一代无线通信技术与5G设计原理不太一样，5G依靠地面基站实现传输，而新一代无线通信可能要通过太赫兹频谱和太空网络来实现，也就是说，新一代无线通信技术与5G发展方向差异较大。因此，新一代无线通信技术生长系数出现了不同生长波峰。

2. 技术成熟系数及技术衰老系数

将新一代无线通信技术的发明专利申请量a以及该技术的发明专利申请量和实用新型专利授权量总和$a+b$代入公式，得出历年的技术成熟系数。将新一代无线通信技术的发明专利申请量、实用新型专利和外观设计专利授权量综合代入公式，得出历年的技术衰老系数。技术成熟系数及技术衰老系数都基本稳定维持在1左右，说明新一代无线通信技术的专利主要还是发明专利，甚至大部分科研工作还没进入专利布局的阶段，因此实用新型专利和外观设计专利的数量都非常少，新一代无线通信技术远未到成熟期、衰退期。

3. 新技术特征系数

将处理所得技术生长系数V和技术成熟系数α代入公式，得到历年新一代无线通信技术的新技术特征系数，其基本处于平稳状态。可以看出，新一代无线通信技术的新技术特征系数一直在1.04～1.14范围内上下波动，新技术特征较强。

（二）基于S曲线的预测分析

将表30中数据导入Loglet Lab 4 软件中，导出S曲线，如图14所示，得到新一代无线通信技术的技术生命周期预测的关键数据点，如表31所示。

表30　新一代无线通信技术2000—2021年专利累计申请量

申请年	2000	2001	2002	2003	2004	2005	2006	2007	2008	2009	2010
专利累计申请量/件	41	80	132	167	191	227	273	318	379	453	532
申请年	2011	2012	2013	2014	2015	2016	2017	2018	2019	2020	2021
专利累计申请量/件	623	703	811	933	1115	1314	1541	1799	2015	2196	2407

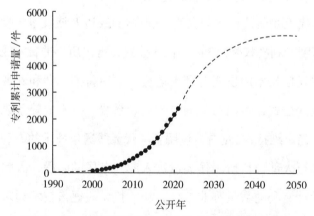

图14　新一代无线通信技术的技术生命周期S曲线

表31　新一代无线通信技术S曲线关键数据点

项目	预计专利最大累计申请量/件	t_{10}/年	t_{50}/年	t_{90}/年
数据值	5175	2010	2022	2034

根据S曲线预测，新一代无线通信技术2010年进入成长期，2022年到达成长期与成熟期分界点，预计2034年进入衰退期。根据S曲线趋势，该技术专利最大累计申请量预计为5175件。

（三）综合分析

对比上述两种方法的分析结果，可以发现两种分析结果基本吻合。随着通信理论发展、材料科学进步，人工智能、机器学习等学科出现重大突破，新一代无线通信技术必将注入新的元素。通信理论发展将进一步提升频谱使用能力和效率。随着数字化加深，新一代无线通信应用场景会更加多样化，业务类型也将更加丰富。新一代无线通信技术将具有更加广泛的包容性和延展性，新一代无线通信业务将不只包括传统运营商所提供的业务，还将产生新的生态系统。新一代无线通信技术有望成为推动智能社会全面升级的重要驱动力，将人类活动范围从物理空间拓展到虚拟空间。新一代无线通信技术可全面、灵活、高效支撑物理世界数字化，融合大数据、云计算、AI/ML、区块链等新技术，达到广泛领域的万物智联，实现"极致泛在、智慧随心"的美好未来。新一代无线通信技术仍有很大的发展空间，其成熟期和衰退期的到来可能比预计时间更晚，专利最大累计申请量也将超出S曲线预测值。

第五章

重点未来产业演化发展进程

未来产业科技与产业具有同步演化特征，合成生物、生物智能、智能飞行器、量子信息、商业航天、新一代无线通信等重点潜力技术演化已到达技术成长期与成熟期分界点。为准确研判未来产业趋势，需剖析重点潜力技术所催生的产业演化发展进程。

第一节　合成生物产业

一、产业概要与前景

合成生物产业是合成生物学前沿技术驱动形成的新技术产业，指利用基因测序、基因编辑、DNA合成等技术合成生物部件、装置和系统，乃至生命体。合成生物学代表一种新的思维方式、研究范式和科学革命，具有重大科学与技术价值，以及广阔应用前景，成为人类应对健康安全、资源与能源安全、生态与环境安全、食品与粮食安全等重大挑战的重要利器。

合成生物产业以生物制造工程化为导向，通过技术改造和设计合成生命体，实现生物体内定向、高效组装物质和材料。合成生物产业包括上游的DNA设计与合成、生物计算机辅助设计与制造、生物体设计与自动化平台等产业，中游的合成生物过程设计、产品研发及生产等环节，下游的产业围绕医药健康、食品、能源、消费品等多应用场景产品的开发与应用。

随着合成生物学的快速发展，重大创新突破不断涌现，"人造生命"突破生命自然法则，帮助人们接近生命起源与进化真相，推动合成生物学研究从单细胞朝多细胞复杂生命体系活动机理、人工基因线路、底盘生物定量、可控设计构建，以及人工细胞设计调控层次化、功能多样化方向发展，极大地提升了人类对生命本质和其工作原理的理解深度，增强了人类设计与操控生物体的能力，将催生新的科学、技术与产业变革，衍生出巨大的产业新空间。

麦肯锡2020年《生物革命：创新改变经济、社会和人类生活》预测，未来10～20年，合成生物技术每年将为全球带来2万亿～4万亿美元直接经济效益，全球经济60%的实物投入可通过生物技术获得，其中1/3为生物材料、2/3为创新生物工艺生产的替代品。但合成生物产业目前仍存在生物体系柔性与工程体系刚性的契合问题等诸多重大挑战和产业化技术瓶颈，需进行研究探索。

二、产业演化进展

（一）产业链演化

随着合成生物学领域的重大技术不断突破，合成生物学产业持续演化发展，全球范围涌现出数量较多的合成生物技术类、平台类、合成生物制品与应用类企业和初创公司，包括DNA设计与合成、生物计算机辅助设计与制造、生物体设计与自动化平台、基因编辑治疗、药物成分生产、RNA药物、人造肉、DNA存储等，覆盖了合成生物产业链上、中、下游，逐步演化成较为完整的产业链。合成生物产业链示意图谱如图15所示。

上游：基础技术/平台/设备	中游：合成生物过程设计/产品研发/生产		下游：终端应用
底层技术及应用支持			
DNA设计与合成	基因编辑治疗	Sangamo、博雅辑因	医药
代表企业：Agilent、Twist Bioscience、DNA Script、弘讯科技、华大基因、蓝晶微生物	药物成分生产	Lumen、默克	
	RNA药物、制药用酶	Lonis Pharmaceuticals	
生物计算机辅助设计与制造（Bio-CAD/CAM）	饲料产品	Calysta、华恒生物	农业
代表企业：Benchling、Synthace	作物、牲畜增产	Pivot Bio、Agrivida	
	材料和化学品	Zymergen、Genomatica、凯赛生物、华恒生物、蓝晶微生物	化工
生物体设计与自动化平台（BioFoundry）	化工用酶、燃料等	InderBio、C16 Biosciences	
代表企业：Ginkgo Bioworks、Zymergen、Inscripta、弈柯莱、蓝晶微生物、iIlumina	肉类和乳制品	Impossible Foods	食品
	食品调味剂和添加剂	Mars、Evolva、爱普香料	
	饮品	Endless West	
	宠物食品	Wild Earth、Bond Pet Foods	消费品
	护肤品	Evolva、巨子生物、Amyris	
	DNA存储	微软、Twist、华为、华大基因	信息

图15　合成生物产业链示意图谱

从国际市场来看，2021年全球合成生物市场呈爆发式增长（图16），市场规模从2020年的84.96亿美元快速增长至2021年的736.93亿美元，增速达767.38%，呈现出指数增长态势，主要是医疗、科研服务和化工等领域的合成生物市场增速较快。

图16　2016—2021年全球合成生物行业市场规模及增速

资料来源：华经产业研究院。

广州创新战略研究院整理绘图。

从国内市场来看，短短数年间，我国合成生物基础研究和产业发展均迈入快车道，技术发展涵盖底层技术到产业化终端产品，涉及药品、食品、化学品、材料、环境保护等多个领域。2021年中国合成生物市场规模约为64.16亿美元，同比增长158.92%，约占全球市场的8.71%（图17）。

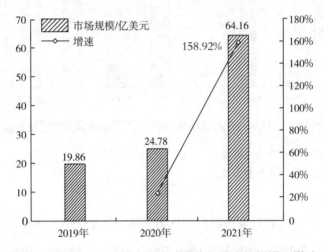

图17　2019—2021年中国合成生物行业市场规模及增速

资料来源：华经产业研究院。
广州创新战略研究院整理绘图。

（二）股权投融资

据 SynBioBeta统计，2019年、2020年、2021年全球合成生物学领域融资规模分别为31亿美元、78亿美元、180亿美元，呈现高速增长态势。虽然2022年有较大幅度下滑，但也达到了103亿美元。

我国合成生物产业快速发展，吸引了创新资本进入。2021年，中国合成生物行业创业公司获得股权投融资16起，较2020年增加10起；融资金额22.95亿元，较2020年增长1.36亿元（图18）。

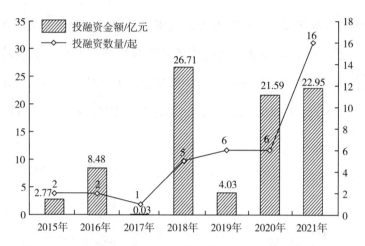

图18　2015—2021年中国合成生物行业投融资数量及金额

资料来源：华经产业研究院。

广州创新战略研究院整理绘图。

从我国合成生物行业投融资轮次分布来看，2021年获得天使轮、Pre-A轮、A轮融资各3次，A+轮融资1次，B轮、B+轮、C轮融资各2次，表明合成生物领域尚处于发展初期，融资相对靠前。从融资金额看，2021年中国合成生物行业获得天使轮融资0.93亿元、Pre-A轮融资1.8亿元、A轮融资2.45亿元、A+轮融资0.97亿元、B轮融资8.5亿元、B+轮融资4.8亿元、C轮融资3.5亿元（图19）。

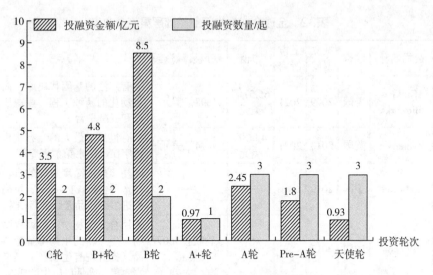

图19 2021年中国合成生物行业投融资轮次结构情况

资料来源：华经产业研究院。
广州创新战略研究院整理绘图。

（三）竞争格局

1. 国际竞争格局

按产业技术能级，将合成生物产业划分为基础层和应用层，基础层主要为产业链上的合成生物学使能技术企业和中游的平台类，应用层则为下游企业。基础层企业掌握物体设计与自动化平台、DNA和RNA合成或软件设计等先进技术，占据竞争的技术优势地位。全球合成生物产业基础层的重点企业主要为美国企业，包括Ginkgo Bioworks、Zymergen等（表32），中国仅有恩和生物（Bota Bio）等少数平台型公司，以及转向平台型企业的蓝晶微生物（Bluepha）、衍进科技（LifeFoundry）等。

表32　全球合成生物行业基础层重点企业表

公司名称	国家	成立时间	上市时间	市值	获风投融资额	特点
Ginkgo Bioworks	美国	2009	2021	65.57亿美元	7.98亿美元	拥有广泛的基因代码库、高度自动化的菌种工程、蛋白质工程和发酵平台
Zymergen	美国	2013	2021	4.06亿美元	8.74亿美元	拥有世界上最大的专有物理和数字DNA图书馆数据库
Bota Bio	中国	2019	—	—	—	已初步建成高度集成的自动化技术平台Bota Freeway，可高速推进多个产品管线并行研发
Bluepha	中国	2016	—	—	A轮获投560万美元	采用合成生物学工具编程微生物，生产新的生物降解塑料产品，提升现有生物产品制造过程效率，降低PHA生产成本
LifeFoundry	中国	2019	—	—	—	多功能技术易于重新编程，能执行通常难以用高通量方式执行的工作流程

资料来源：公开资料整理。

应用层企业，主要致力于将合成生物学技术应用于医疗保健、工业化学品、生物燃料等产品开发和市场化，全球合成生物产业应用层重点企业主要属于美国、中国、英国、法国等国（表33），其中美国的企业数量最多，约占3/4，覆盖了更为广泛的行业；中国、英国、法国等国重点企业的覆盖面较局限。应用层企业更易引起资本市场的关注和青睐，融资额行业占比超80%。

表33　全球合成生物行业应用层重点企业

应用领域	公司名称	国家	成立时间	主要产品/研发方向
化学工业	Genomatica	美国	2000	生物基丁二醇（主要用于化妆品及塑料），目前正在开发聚酰胺中间体（尼龙）和长链化学品相关工艺
	Lygos	美国	2010	将低成本的糖类转化为丙二酸等化学物质
	凯赛生物	中国	2000	生物法长链二元酸系列产品
	华恒生物	中国	2005	生物法L-丙氨酸、可L-丙氨酸、百-丙氨酸、碳酸钙D和α-熊果苷等
合成能源	C16 Biosciences	美国	2017	利用微生物发酵类生产棕榈油的代替品
	LanzaTech	美国	2005	利用微生物将废气（如二氧化碳或甲烷）转化为燃料和化学物质
食品饮料	Impossible Foods	美国	2011	将合成生物学技术用于合成蛋白类产品的开发，如牛奶、蛋清、奶酪等
	Clara Foods	美国	2015	通过酵母细胞工厂构建、发酵合成卵清蛋白，是利用生物合成技术创制动物蛋白
消费品	Endless West	美国	2009	以培育菌丝体的方式开发出菌丝皮革
	Modern meadow	美国	2011	通过改造后的酵母发酵生产胶原蛋白，由此制造皮革
	Geltor	美国	2015	提供基于发酵过程培养产生的蛋白产品
农业	Pivot Bio	美国	2010	开发一种微生物解决方案替代氮肥，减少氮径流，并消除相关N_2O产生
	Agrivida	美国	2002	通过开发新一代酶解决方案满足动物营养和动物健康的需求
	GreenLight Biosciences	美国	2008	通过改造农产品RNA，使其精确靶向免疫于特定害虫，且绿色清洁
	Apeel Sciences	美国	2012	正在开发一种植物基涂层，旨在延迟番茄和苹果等易腐食品的保质期
医药	Vedanta Biosciences	美国	—	一家以人体肠道微生物菌群为基础，开发免疫介导性疾病的人体肠道微生物创新药研发的公司
	Novome Biotechnologies	美国	2016	正在工程化人类肠道细菌来治疗疾病，目前已经建立了基因工程微生物药物（GEMM）平台
	Prokarium	英国	—	使用基因工程细菌来开发微生物肿瘤免疫疗法和疫苗
	Eligo Bioscience	法国	2014	该公司的核心技术Eligobiotics能够将基于CRISPR的治疗DNA有效载体传送到微生物群的细菌群体，以精确消除有害细菌菌株

资料来源：根据公开资料整理。

2. 中国竞争格局

从国内企业分布来看，中国合成生物产业企业主要分布于华北、华东和华南地区，以及中部的武汉、长沙等地。根据企业的技术导向，博雅辑因、本导基因等以基因编辑技术为核心，泓讯科技、迪赢生物以生物元件技术为核心，恩和生物则以合成生物学硬件/软件技术为核心。产品应用型公司覆盖医药、工业、农业、化工和食品等领域，包括生物医药领域的华东医药、川宁生物、弈柯莱等，化工领域的华恒生物、凯赛生物等，食品领域的嘉必优，工业领域的溢多利、蔚蓝生物和新华扬等。

从科研院所来看，深圳合成生物学领域科研实力雄厚，拥有中国科学院深圳先进技术研究院合成生物学研究所、深圳合成生物学创新研究院（简称深圳合成院）等研究机构。其中，深圳合成院由深圳市政府投资7.5亿元建设，目前拥有34位课题组长、4位杰出客座研究员和19位客座研究员。上海则拥有我国第一所合成生物学重点实验室——中国科学院合成生物学重点实验室，该实验室有40余名固定人员，博、硕士研究生及博士后90余人。天津则拥有2021年组建的海河实验室，设立了国家合成生物技术创新中心。

三、技术研发进展

（一）技术演化进程

合成生物产业至今已历经四个主要发展阶段：

第一阶段（2005年前）：以基因线路应用于代谢工程领域为代表，典型成果为青蒿素前体在大肠杆菌中的合成。

第二阶段（2005—2011年）：基础研究快速发展，专利申请量无显著增加，研究开发处于工程化理念深化、重视使能技术平台、工程方法和工具积淀阶段，反映"工程生物学"早期特点。

第三阶段（2011—2015年）：基因组编辑效率大幅提升，合成生物技术开发与应用拓展，应用领域从生物基化学品、生物能源向疾病诊断、药物和疫苗开发、作物育种、环境监测等多领域延伸。

第四阶段（2015年后）：合成生物从"设计—构建—测试"（Design-Build-Test，DBT）循环向"设计—构建—测试—学习"（Design-Build-Test-Learn，DBTL）转变，提出半导体合成生物学（Semiconductor Synthetic Biology）、工程生物学（Engineering Biology）等理念或学科，生物技术与信息技术融合特点日益明显。

合成生物产业发展历程图见图20。

图20　合成生物产业发展历程图

（二）技术研发进展与成果

1. 研发重点

当前，合成生物产业技术研发重点为合成及优化代谢网络，各遗传/基因回路的设计构建，细胞工厂和人工多细胞体系构建，生物大分子（如核酸和蛋白质）的合成、改造与模块化，底盘生物（Chassis）及其基因组的合成、简化与重构，工程生物系统计算机模拟和功能预测等（图21）。

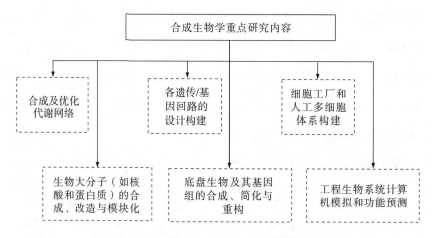

图21　合成生物产业技术重点研究内容

2. 主要研发进展与成果

目前，合成生物产业技术研发主要聚焦于产前检查、疫苗研发、食品追踪、消费级体外检测、化工材料和能源等领域，取得了一批重要的技术研究成果，包括青蒿素、人造肉、大麻素等，在化工原料、生物燃料、消费品和农业等领域也取得了成果，典型成果见表34。

表34 合成生物在各个领域的典型成果

应用领域	典型成果
生物医药	定向Notch分子可以让细胞在体内识别多种分子并响应，可以用于感应癌细胞
	改造酵母菌用于生产吗啡等止痛药前体
	合成代替胰岛β细胞降血糖功能的人造细胞HEK-β
	大麻素：通过合成生物手段定向去除致瘾成分THC
化学品及能源	化工原料：利用微生物细胞工厂技术路线生产1，3-丙二醇、萜类化学物、L-丙氨酸等；利用酶分子机器技术路线生产氢气燃料、肌醇
	生物燃料：通过基因工程改良微生物来生产燃料代替石油、柴油等天然不可再生燃料，降低不可再生能源的消耗且相较于天然燃料更环保、高效，未来有望用于交通或军事领域
农业	生物氮肥：通过微生物解决方案合成氮肥，减少氮径流，减少环境污染
	提高动物营养吸收效率：通过酶解决方案提高饲料的消化率，减少动物体内的应用抑制剂
	害虫免疫：通过改造农产品RNA，精确靶向免疫于特定害虫，且精准剔除不利环境基因，保护作物免受杂草、真菌病和害虫的侵害
	植物基涂层：代替保鲜膜涂在质保表面，通过延长易腐食品的保质期来减少浪费
食品	细胞培养肉：利用动物干细胞培养出肌肉纤维
	微生物发酵肉：通过发酵微生物（如酵母、细菌）生产的单细胞蛋白
	人造乳制品：通过基因工程和细胞工厂等技术手段，高效表达天然奶中的各种乳蛋白组分，剔除乳糖、胆固醇、抗生素和致敏原等不良因子
	其他通过合成生物技术制成的调味剂、甜味剂、酒品等也进入商业化进程
消费品	可持续皮革材料：通过微生物工程用丝状真菌来生产菌丝皮革，生长过程短且相对节省天然资源
	基因工程胶原蛋白：将人体胶原蛋白基因进行特定酶切和拼接后转入工程菌/工程细胞内表达生产胶原蛋白

资料来源：根据公开资料整理。

近几年，合成生物产业研究开发取得了一批影响力较大的成果，包括：2021年中国科学院天津工业生物技术研究所首次实现二氧化碳到淀粉的从头合成，该研究从头设计出11步主反应的非自然二氧化碳固定与人工合成淀粉新途径，实现从二氧化碳到淀粉分子的全合成，合成速率是玉米淀粉合成速率的8.5倍，为创建新功能生物系统提供了新科学基础；2021年美国加州大学劳伦斯伯克利国家实验室首次创造出无法自然合成的人工金属酶及其产物，研究人员将含金属铱的亚铁血红素导入大肠杆菌，与主要分布于肝脏的天然酶P450嵌合，通过合成生物学平衡细菌新陈代谢，生产出"环丙烷化柠檬烯"，拓展了合成生物学边界，为生产化工、医药用品等提供更绿色环保、可持续方式；2021年中国农业科学院等在全球首次实现从一氧化碳到蛋白质的一步合成，形成了万吨级工业产能，该研究以含一氧化碳、二氧化碳的工业尾气和氨水为主要原料，"无中生有"地制造新型饲料蛋白资源，将无机的氮和碳转化为有机的氮和碳，突破了天然蛋白质植物合成的时空限制。2022年合成生物领域的科研势头持续强劲，全球多家科研机构纷纷在各类顶尖刊物上发表了一系列最新研究成果（表35）。

表35　2022年初合成生物领域最新科研进展

机构名称	研究进展	内容
复旦大学生物医学研究院	靶向新冠病毒HIS的反义核苷酸能显著抑制HIS对炎症基因及HAS2的激活	在*EBioMedicene*上发表《新冠病毒与人共有核酸序列通过NamiRNA-增强子-基因网络促进透明质酸积累》
CRISPR Therapeutics 和ViaCyte	患者已在VCTX210治疗罗马数字型糖尿病（T1D）的罗马数字期临床试验中完成给药	首次在人体中移植经基因编辑的干细胞分化生产的胰腺细胞
Taysha Gene Therapies	基因疗法在治疗Sandhoff 和Tay-Sachs这两种不同类型GM2神经节苷脂沉积症的初步临床结果积极	首个支持使用双顺反子载体（bicistronic vector），在人体中以自然比例同时表达*HEXA*和*HEXB*基因的临床结果
Genentech	TCR疗法Vabysmo获FDA批准上市	首款FDA批准治疗这两种眼科疾病的双特异性抗体

续表

机构名称	研究进展	内容
朗信生物	眼科AAV基因疗法（LX101）国内临床获CDE受理	有望填补中国自主研发基因治疗药物在LCA领域的空白
中国科学院北京基因组研究所	发现尿苷是一种能延缓人类干细胞衰老、促进哺乳动物多组织再修复的关键代谢物	在*Cell Discovery*上发表"Cross-species Metabolomics Analysis Identifies Uridine as a Potent Regeneration Promoting Factor"
加拿大英属哥兰比亚大学	实现千兆碱规模的序列对比	*Nature*上发表"Petabsse-scale Sequence Alignment Catalyses Viral Discovery"
美国芝加哥大学和西北大学	微生物群落中的代谢基因可以预测该群落的动态行为	*Cell*上发表"Genomic Structure Predicts Metabolite Dynamics in Microbial Communities"
美国格拉斯通研究所	剔除基因BRM可让心脏细胞前体细胞转化为脑细胞前体细胞	*Nature*上发表"Brahma Safeguards Canalization of Cardiac Mesoderm Differentiantion"
美国哈佛大学和布罗德研究所	揭示不同的自闭症风险基因对大脑发育产生相同的影响	*Nature*上发表"Autism Genes Vonverge on Asynchronous Development of Shared Neuron Classes"
美国格拉德斯通研究所和加州大学旧金山分校	发现CRISPR激活的研究方法	*Science*上发表"CRISPR Activation and Interference Screens Decode Stimulation Responses in Primary Human Tcells"
美国加州理工学院	基因电路实现哺乳动物细胞可控、可扩展的多重稳定性	*Science*上发表"Synthetic Multistability in Mammalian Cells"
美国国家癌症研究所（NCI）癌症研究中心	研究人员揭示转移性人类癌症中抗肿瘤TIL细胞的分子特性	*Science*上发表"Molecular Signatures of Antitumor Neoantigen-reavtive T Cells from Metastatic Human Cancers"

资料来源：根据公开资料整理。

下一步，医疗领域细胞疗法有望延长癌症患者生存时间，进行干细胞培育可移植器官以拯救器官衰竭患者，可进行遗传疾病的基因编辑治疗等，农业和食品领域合成生物手段缩短生长周期以创造更多价值，化工领域基因编辑技术优化生产过程，能源领域环境友好、低成本可再生能源等细分领域，有望取得新的突破与应用。

四、基于文献的研究前沿与热点

1. 数据采集及研究方法

以Web of Science核心合集为文献数据库，根据检索结果对合成生物领域研究趋势和热点进行分析。以TS（即：检索主题包括检索标题、摘要、作者、关键词和关键词拓展）=（"DNA synthesis" OR "chassis cells" OR "genetic circuit design" OR "gene editing" OR "metabolic network" OR "biomacromolecule" OR "cell factory" OR "engineering biological systems" AND "synthetic biology"）为检索式，检索Web of Science核心合集文献数据库的文献标题、摘要及关键词中的主题信息，将文献类型限定为期刊论文，检索时间范围为2010—2022年，检索结果显示获得17894篇文献。

根据文献检索结果，分析十余年来合成生物领域论文产出量的年度分布情况、主要国家及机构分布情况，以及合成生物领域的研究现状。同时，利用CiteSpace软件对文献检索结果进行处理与分析，通过采用关键词共现分析和突现词探测分析方法，分析合成生物领域的研究热点及其趋势变化情况。

2. 年度分布

根据图22内容，2010—2022年合成生物领域论文发表数量呈现逐年上升趋势，论文产出量年均复合增长率达到8.39%，体现出合成生物领域学术研究热度平稳上升的发展态势。具体来看，2010年合成生物领域论文发表总量为902篇，经过十几年的发展，2022年该领域全年论文发表总量上升至2371篇，这一数据是2010年的2倍以上，表明近10年来合成生物逐渐成为学界较为关注的研究领域，学术研究活动较为活跃。

图22　2010—2022年合成生物领域发表论文年度分布

数据来源：Web of Science。

注：2010年（902篇）-2.38%的增长率是与2009年（924篇）发文量比较计算得出。

3. 主要研究国家分布

如图23所示，2010—2022年合成生物领域论文发表数量排名前10的国家中，美国以6564篇论文发表量占据第一，占排名前10国家文献总量的36.7%，中国位居其后，论文发表量为4538篇（占比25.4%），其后依次为德国（占比7.5%）、英国（占比6.4%）、日本（占比6.0%）等国家，论文发表量达1000篇以上。图24对比了合成生物领域论文产出数量排名前4国家的论文年度分布情况，根据图24所示，2010—2022年，美国、中国、德国、英国4个国家在该领域的年度论文发表总量总体上呈现增长趋势。其中，美国在合成生物领域研究起步较早，其他国家起步时美国已积累深厚，具有绝对领先优势。2015年以前，美国在合成生物领域的论文发表总量增长较为平缓，2015年后则开始以较快的速度增长，2010—2022年实现年均增长率达到5.21%，除2022年外，总体上美国历年论文总量远高于同期除中国外其他几个国家。2010年以来，中国在合成生物领域的论文发表总量持续保持高速增长趋势，论文发表总量由2010年的92篇增长至2022年的920篇，增长了9倍，截至2022年，年均增长率高达21.15%，并在2021年首次实现论文发表总量超过美国。2010—2022年，德国和英国在合成生物领域的论文发表总量总体呈现平稳增长态势，此两国论文发表总量年均增长率分别为4.90%、6.61%。历年论文发表数量总体变化不大。综合上述分析，美国和中国两国是合成生物领域学术研究最为活跃的两个国家，其中2021年美国虽

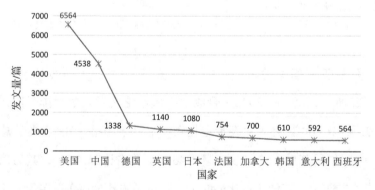

图23　2010—2022年合成生物领域论文产出数量排名前10的国家分布

数据来源：Web of Science。

然在论文数量上被中国赶超，但美国在该领域的研究起步早、积累多，在论文发表总量和质量上都具有领先优势。

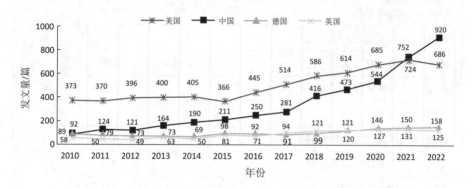

图24　2010—2022年合成生物领域论文产出数量排名前4国家

论文发表量年度分布

数据来源：Web of Science。

4. 主要研究机构分布

表36给出了全球合成生物领域论文发表总量排名前10的机构分布情况，其中，中国有中国科学院和中国科学院大学两所研究机构，中国科学院以745篇论文占据机构发文总量排名榜首，美国则有6家研究机构发文总量排名进入前10，分别为加利福尼亚大学系统、哈佛大学、美国国立卫生研究院、得克萨斯大学系统、哈佛大学医学院和宾夕法尼亚大学等高校及科研院所，其余则为法国研究型大学、法国国家科学研究中心等机构。因此，从全球合成生物领域论文总量机构分布来看，美国是排名前10机构中数量最多和论文总量最多的国家，说明美国在该领域研究实力强。

表36 2010—2022年合成生物领域论文发表总量排名前10机构分布

国家	机构名称	发文量/篇	发文量排名
中国	中国科学院	745	1
美国	加利福尼亚大学系统	719	2
法国	法国研究型大学	489	3
法国	法国国家科学研究中心	458	4
美国	哈佛大学	456	5
美国	美国国立卫生研究院	411	6
美国	得克萨斯大学系统	312	7
美国	哈佛大学医学院	311	8
中国	中国科学院大学	303	9
美国	宾夕法尼亚大学	273	10

数据来源：Web of Science。

5. 2010—2022年研究热点与研究前沿

CiteSpace突现关键词检测是从标题、关键词以及摘要中以词频为依据提取热门话题，该算法由Kleinberg在2002年提出，根据短时间内频率急剧上升的突变词来确定某个领域的热点问题，其中关联强度的值越大，意味着关键词出现次数越多。基于CiteSpace 6.1.3软件分析2010—2022年全球合成生物领域研究主题分布情况，并聚焦合成生物领域的研究主题，进一步采用该软件进行关键词突发性探测分析，得到如表37所示的排名前15的突现关键词列表。表37表明，自2010年开始，合成生物领域最初主要聚焦在DNA合成、DNA重组、细胞凋亡、DNA合成期、生长因子等热门研究主题，其中DNA合成研究主题的关联强度值最大且热度持续至2013年结束，DNA重组研究热度持续时间较长，至2015年结束。自2011年开始，合成生物领域转而关注研究DNA网络、同源重组、人类细胞、特异性、基因定向编辑等热点主题。自2018年起，基因编辑、生物递送、基因组编辑、基因治疗等主题研究热度持续增加，其中对基因编辑技术的关注度最强，且尚未表现出热度衰减趋势，说明这些技术有望在未来持续受到研究关注。

表37　2010—2022年合成生物领域排名前15突现关键词列表

关键词	关联强度	开始时间	结束时间	2010—2022年
DNA合成	92.17	2010	2013	■■■■□□□□□□□□□
DNA重组	57.85	2010	2015	■■■■■■□□□□□□□
细胞凋亡	42.12	2010	2014	■■■■■□□□□□□□□
DNA合成期	36.61	2010	2013	■■■■□□□□□□□□□
生长因子	36.61	2010	2013	■■■■□□□□□□□□□
DNA网络	39.48	2011	2015	□■■■■■□□□□□□□
同源重组	47.25	2014	2017	□□□□■■■■□□□□□
人类细胞	40.85	2016	2018	□□□□□□■■■□□□□
哺乳动物细胞	25.43	2017	2018	□□□□□□□■■□□□□
cas9基因编辑	45.85	2017	2020	□□□□□□□■■■■□□
基因编辑	93.97	2018	2022	□□□□□□□□■■■■■
生物递送	44.7	2018	2022	□□□□□□□□■■■■■
基因组编辑	37.99	2018	2022	□□□□□□□□■■■■■
基因治疗	37.34	2018	2022	□□□□□□□□■■■■■
核酸内切酶	27.68	2020	2022	□□□□□□□□□□■■■

数据来源：Web of Science。

综上所述，合成生物已成当下热门研究领域，论文产出数量持续平稳增长。地区差异分析显示，美国在该领域的研究起步较早，论文数量和质量均处于领先地位，且集聚了众多高水平研究机构。中国合成生物领域研究起步相对较晚，但凭借后发优势，以较高增长率持续推动论文产量增长和质量提升，在2021年首次实现论文数量赶超美国。未来，我国应瞄准基因编辑、精准治疗等前沿技术，建设更多高水平研究机构，争取论文质量获得更大提升。

第二节 生物智能产业

一、产业概要与前景

人类对生物学习机制的探索从未停歇，生物智能诞生于人工智能深度学习领域，受大脑神经运行机制和认知行为机制启发，融合了生物医学、计算机科学、人工智能、脑科学和语言学等多学科知识。

生物智能产业是由DNA存储、生物计算机、类脑芯片、类脑AI、脑机接口、神经形态硬件、混合现实、认知计算等人工智能与生物学交叉融合的技术驱动形成的新技术产业。生物智能以计算建模为手段，通过软硬件协同实现机器智能，其具备信息处理机制类脑、认知行为表现类人、智能水平达到或超越人等特点。

生物智能产业目前仍处于基础理论和前沿技术研发突破阶段，产业演化处于萌芽期，产业链仍在分化进程中，大致可分为基础层、硬件层、软件层和产品层（图25）。其中，基础层为脑认知与神经计算；硬件层主要是神经形态芯片，如脉冲神经芯片、忆阻器、忆容器、忆感器等；软件层则为通用技术和核心算法，包括视觉感知、听觉感知、多模态协同感知、增强学习、对抗式神经网络等；产品层则主要为各类应用产品，包括类脑计算机、类脑机器人、仿真生物等整机产品，以及脑机接口、脑控设备、神经接口、智能假体等交互产品。

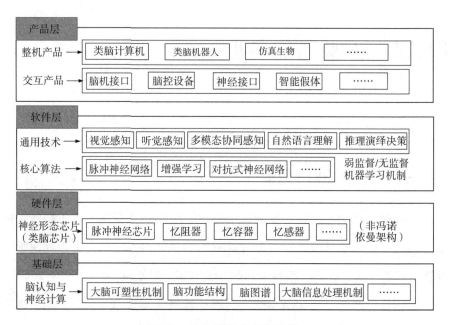

图25　生物智能产业链图谱

生物智能领域系列前沿技术突破正引发从专用到通用的产业革命，神经修复、仿生视觉、DNA数据存储等应用潜能巨大。麦肯锡2020年《生物革命：创新改变经济、社会和人类生活》预计，未来10~20年，仅生物机器接口领域，每年将有700亿~2000亿美元的经济规模。我们认为，为期不远的将来，随着关键技术的不断突破，生物智能将在医疗健康、工业、教育、娱乐、环境、智能家居等广泛场景形成新应用，催生数倍于麦肯锡所预测的生物机器接口领域的产业规模。

二、产业演化进展

美国作为全球最早将生物智能列为未来发展重大战略的国家，在脑科学基础和类脑智能技术领域实力强劲。美国生物智能产业布局从基础层到产品层全产业链均有涉及，中国、欧盟、日本、澳大利亚等也积极布局脑机接口、脑疾诊疗和智能假体等生物智能上下游产业。

总体而言，全球生物智能产业演化尚处于萌芽期，初步形成了产业链雏形，具备一定的产业规模。随着类脑芯片、算法、神经网络模型、生物智能开源平台、类脑计算机、脑机接口等技术的创新突破，以及系列原型产品或创新产品的推出，各产业链主要环节均衍生出典型的原型产品或新产品，实验性应用于医疗、航空、军事、游戏、教育、消费等场景。但生物智能产业链分工、演化和扩展等仍处于持续向成长期演化的进程中，有赖于后续重大前沿基础与关键技术突破。

2020年，全球生物智能产业规模约15亿美元。其中，美国生物智能市场规模为7.06亿美元，占全球市场份额的47%，居全球首位。从产业链来看，硬件层的国际商业机器公司（IBM）、英特尔（Intel）、惠普（hp）等，软件层的Numenta、Vicarious等，以及应用层的Neuralink、Synchoron、BlackRock、Neurotech等美国企业，其已成为全球生物智能领域的头部企业。2021年，Neuralink公司完成的C轮2.05亿美元融资，成为生物智能领域最大单笔融资。

中国生物智能研究与产业发展起步晚于欧美，但发展迅速。2020年，中国生物智能市场规模为3.25亿美元，占全球市场份额的21.7%，仅次于美国。目前，中国生物智能产业已在类脑芯片、类脑计算机研制、类脑计算理论等方面取得了多项重要突破，清华大学首次提出"类脑计算完备性"概念、研制出Tianjic芯片（天机芯），浙江大学研制出Darwin Mouse计算机等，清华大学主持研究开发的多维多尺度高分辨率计算摄像仪器已取得突破性进展，北京智源人工智能研究院推出了中国首个生物智能开源开放平台。

三、技术研发进展

自1998年埃默里大学菲尔·肯尼迪（Rhil Kennedy）首次将脑机接口装备植入人体，开启脑机接口研究新里程后，脑机接口技术取得系列突破，包括：

2000年，杜克大学米格尔·尼科莱利斯（Miguel Nicolelis）教授利用猴子大脑皮层获取的脑电信号实时控制千里之外的机器人。

2004年，美国Cyberkinetic公司"犹他电极"获美国食品药品监督管理局（FDA）批准，临床试验用侵入式脑机接口来控制机械臂。

2014年，杜克大学米格尔·尼科莱利斯（Miguel Nicolelis）教授开发出首款脑控外骨骼，实现大脑控制外骨骼活动，将触感、温度和力量等反馈给佩戴者。

2017年，斯坦福大学谢诺伊（Krishna Shenoy）教授等开发出一种新脑机接口，实现脑区神经元"运动手和手臂"信号解码。其借助点击式控制计算机光标，可让瘫痪人士仅通过简单想象控制电脑光标，精准快速地打字。

2019年，加利福尼亚大学旧金山分校（UCSF）张复伦（Edward

Chang）教授等开发出一种解码器，能通过提取控制发声运动脑区的神经活动来实现语音合成，即使受试者不出声，也能实现语音合成；美国Neuralink公司利用一台神经手术机器人可在脑部28 mm²的面积上植入96根直径仅4～6 μm的"线"，包含3072个电极位点，直接通过USB-C接口读取大脑信号。

2021年，美国匹兹堡大学研究团队开发出一个机器人手臂，通过指尖嵌入的压力传感器采集信息反向送入体感皮层的电极，唤起合成的触觉，触觉反馈使假肢使用感觉更自然等。

生物智能产业取得系列重大技术突破，通过人类干细胞和生物工程进步重建大脑架构；通过脑机接口突破，让人们能测量输出信号，采用反馈机制模拟学习过程；借鉴大脑基本运行原理，以实现小数据学习、事件触发、近似计算、高度并行等符合通用人工智能需求的技术特征。英国曼彻斯特大学SpiNNaker芯片、美国国际商业机器公司TrueNorth芯片、德国海德堡大学BrainScaleS芯片、美国斯坦福大学Neurogrid芯片、美国英特尔公司Loihi芯片、中国清华大学天机芯片等类脑芯片的推出，将开启以类脑计算为硬件的生物计算新范式，克服基于计算机的人工智能局限性。

当前，全球生物智能产业技术发展主要包括以下三个方面。一是类脑智能技术和产品研发加速。计算机科学借鉴大脑处理信息的机制和神经编码的本质构建出新神经网络模型，形成神经计算、类脑芯片、类脑智能机器人等技术和产品。二是脑机接口技术加速发展。神经科学利用认知计算等修复或增强大脑功能，加速脑机接口技术发展，实现了精准无损伤植入、信号处理外部无线化和运动解码等。三是利用神经形态计算模拟人类大脑处理信息过程，通过借鉴脑神经结构和信息处理机制，让机器以类脑方式实现人类认知能力及协同机制，达到乃至超越人类的智能水平。

美国脑计划主要聚焦于大规模神经网络技术和大脑成像技术设备，系统布局电子处方（ElectRx）、重建主动式记忆（RAM）、系统化神经技术新兴疗法（SUBNETS）、靶向神经可塑性训练计划（TNT）、神经工程系统设计（NESD）和下一代非手术神经技术（N3）等系列技术研发。欧洲以"人脑计划"为未来旗舰技术项目，重点布局研究未来神经科学、未来医学、未来计算等三大领域，涵盖老鼠大脑战略性数据、人脑战略性数据、认知行为架构、理论型神经科学、神经信息学、大脑模拟仿真、高性能计算平台、医学信息学、神经形态计算平台、神经机器人平台、模拟应用等13项研究内容。美国生物智能主要成果见表38。

表38 美国生物智能主要成果

年份	机构	技术层面	代表性研究成果
2008	惠普	硬件	首次做出纳米忆阻器件
2009	Numenta公司	软件	提出借鉴脑信息处理机制的分层时序记忆模型
2014	艾伦脑研究院	理论	绘制胚胎期人脑转录谱和老鼠大脑神经连接图谱
2014	斯坦福大学	硬件	研制出类脑芯片Neurogrid
2014	国际商业机器公司	硬件	研制出类脑芯片TrueNorth
2015	普林斯顿大学、艾伦研究所和贝勒医学院	理论	绘制出迄今最为详尽的大脑皮层的神经连接图谱
2016	国际商业机器公司	硬件	推出基于TrueNorth芯片的类脑计算机NS16
2017	英特尔	硬件	研制出类脑芯片Loihi
2019	英特尔	软件	神经形态计算系统Pohoiki Beach全面投入使用
2021	南加州大学	软件	开发神经活动建模的算法PSID

资料来源：根据公开资料整理。

我国生物智能研究水平已迈入国际前沿。2016年，我国提出"脑科学与类脑科学研究"（简称"中国脑计划"），主要瞄准神经基础、重大脑疾病诊断和诊疗方法、脑机智能技术等三个方向。国内多所高校等纷纷成立类脑智能研究机构，如2014年，清华大学组建类脑计算研究中心；2015年，中国科学院自动化研究所类脑智能研究中心成立；2018年，北京、上海相继成立脑科学与类脑研究中心。清华大学类脑计算研究中心已研发出自主知识产权的类脑计算芯片、软件工具链。中国科学院自动化研究所开发出类脑认知引擎平台，能模拟哺乳动物大脑，实现智能机器人的多感觉融合、类脑学习与决策等应用。中国生物智能主要成果见表39。

表39　中国生物智能主要成果

年份	机构	技术层面	研究成果
2015	浙江大学	硬件	研制出类脑芯片Darwin
2015	清华大学	硬件	研制出类脑芯片Tianjic
2018	天津大学	软件	研发出基于极微弱事件相关电位的新型脑机接口系统
2019	天津大学	硬件	研制出高集成脑机交互芯片"脑语者"
2020	浙江大学	硬件	研制出类脑计算机Darwin Mouse
2021	清华大学	理论	首次提出类脑计算完备性概念

资料来源：根据公开资料整理。

四、基于文献的研究前沿与热点

1. 数据采集及研究方法

以Web of Science核心合集为文献数据库，根据检索结果对生物智能领域研究趋势和热点进行分析。以TS=（"DNA molecular memory" OR "biocomputer" OR "class brain chip" OR "class brain AI" OR "brain-computer interface" OR "neuromorphic hardware" OR "mixed reality" OR "cognitive computing") AND DT=(article)为检索式，对Web of Science核心合集文献数据库进行文献检索，将检索时间范围限定在2010—2022年，共检索获得文献8413篇。

基于检索文献分析10余年来生物智能领域论文产出总量的年度分布、国家分布和机构分布等情况，采用CiteSpace软件分析该领域内研究热点动态变化情况。

2. 年度分布

如图26所示，2010—2022年，生物智能领域论文发表数量呈逐年增加态势，在此期间，年均增长率达20.56%，反映出生物智能领域学术研究热度呈逐年上升态势。具体而言，2010年该领域论文发表总量仅190篇，随后几年保持平稳增加趋势，至2018年以44.59%的年增长率增长至788篇论文发表总量，2022年生物智能领域论文发表总量达到1468篇。

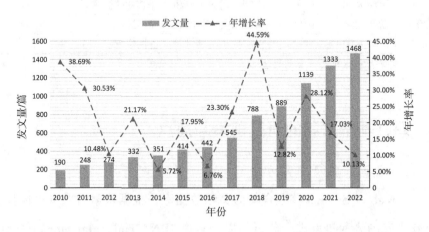

图26　2010—2022年生物智能领域发表论文年度分布

数据来源：Web of Science。

3. 主要研究国家分布

图27呈现了2010—2022年，生物智能领域论文发表总量排名前10的国家分布情况，中国和美国分别以1991篇论文和1890篇论文占据第一、第二名，分别占排名前10国家文献总量的25.6%和24.3%，其次是德国（占比10.6%）、英国（占比7.1%）、韩国（占比6.7%）等国家，论文发表总量进入排名前5。图28对比了生物智能领域论文发表总量排名前4国家的论文年度分布情况。从论文发表总量变化态势看，中国是四个国家中论文总量增速最快的国家，2010—2022年论文总量年均增长率达30.3%，2019年论文总量首次超越美国。美国在生物智能领域研究起步早，2010—2018年其论文总量均高于同期其他几个国家，直至2019年被中国反超，但2010—2022年美国论文发表总量年均增长率仍达到12.4%，表现出稳定上升的发展态势。德国和英国在生物智能领域的学术研究较为稳定，各年份论文发表总量变

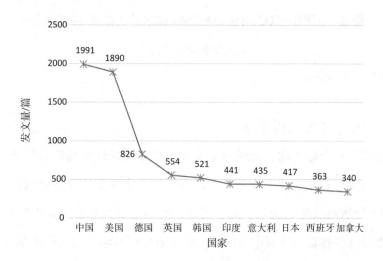

图27 2010—2022年生物智能领域论文产出数量排名前10的国家分布

数据来源：Web of Science。

化不大，分别以相对平缓的速度增长，2010—2022年论文总量年均增长率分别达到10.05%和16.66%。上述分析表明，全球生物智能领域的学术研究主要集中在中国和美国，但近年来中国表现出反超美国的领先优势。

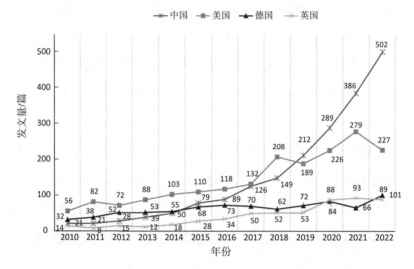

图28　2010—2022年生物智能领域论文产出数量排名前4国家论文发表量年度分布

数据来源：Web of Science。

4. 主要研究机构分布

表40显示全球生物智能领域论文发表数量前10的机构排名分布情况。其中，美国加利福尼亚大学系统、加利福尼亚大学圣地亚哥分校、宾夕法尼亚大学3所高校排名进入前10，美国加利福尼亚大学系统凭借277篇的论文发表量排名榜首。来自中国的研究机构有中国科学院和天津大学2所高校进入前10，中国科学院凭借232篇的论文发表量居第2位。法国有2家研究机构排名进入前10。德国图宾根埃伯哈德卡尔斯大学以158篇的论文发表量占

据第3的位置。上述分析表明，目前生物智能研究领域的学术研究虽然主要集中于中国、美国两国，但欧洲研究机构实力也不俗。

表40　2010—2022年生物智能领域论文发表总量排名前10机构分布

国家	机构名称	发文量/篇	发文量排名
美国	加利福尼亚大学系统	277	1
中国	中国科学院	232	2
德国	图宾根埃伯哈德卡尔斯大学	158	3
奥地利	格拉茨技术大学	149	4
法国	法国研究型大学	142	5
美国	加利福尼亚大学圣地亚哥分校	135	6
美国	宾夕法尼亚大学	134	7
法国	法国国家科学研究中心	122	8
中国	天津大学	122	8
瑞士	瑞士联邦理工学院	119	10

数据来源：Web of Science。

5. 2010—2022年基于文献的研究前沿与热点

基于CiteSpace软件分析，得到表41所示的2010—2022年生物智能领域排名前15的突现关键词列表。根据表41结果，通信等主题在2010年成为生物智能领域的研究热点，研究热度延续至2013年。随后，脑机接口、功能性磁共振成像技术等主题成为新研究热点，持续至2017年。近年来，增强现实技术、智能分析、深度学习、脑模拟、卷积神经网络、情感识别、迁移学习、神经形态计算、混合现实技术、虚拟现实技术等细分领域颇受研究者关注，其中，增强现实技术和混合现实技术关联强度值较高，说明该两类技术成为当下生物智能领域的重点关注研究主题，至文献检索截止日期，上述技术领域研究关注热度仍未出现衰减迹象，预计仍将持续受到研究关注。

表41　2010—2022年生物智能领域排名前15突现关键词列表

关键词	关联强度	开始时间	结束时间	2010—2022年
通信	45.25	2010	2013	■■■■□□□□□□□□□
精神假体	21.2	2010	2013	■■■□□□□□□□□□□
脑机接口	13.83	2011	2017	□■■■■■■□□□□□□
功能性核磁共振成像技术	12.74	2012	2017	□□■■■■□□□□□□□
慢性中风	12.65	2014	2018	□□□□■■■■□□□□□
增强现实技术	44.13	2020	2022	□□□□□□□□□□■■■
智能分析	35.25	2020	2022	□□□□□□□□□□■■■
深度学习	31.34	2020	2022	□□□□□□□□□□■■■
脑模拟	27.61	2020	2022	□□□□□□□□□□■■■
卷积神经网络	22.65	2020	2022	□□□□□□□□□□■■■
情感识别	16.26	2020	2022	□□□□□□□□□□■■■
迁移学习	15.56	2020	2022	□□□□□□□□□□■■■
神经形态计算	13.02	2020	2022	□□□□□□□□□□■■■
混合现实技术	43.05	2021	2022	□□□□□□□□□□□■■
虚拟现实技术	21.82	2021	2022	□□□□□□□□□□□■■

数据来源：Web of Science。

上述研究结果表明，2010—2022年，生物智能领域学术研究活跃，论文产出持续增长，论文发表者主要来自中国、美国的研究机构。在对突现关键词的探测性分析中，我们发现生物智能领域的研究热点呈现动态变化的趋势，每一研究热点的热度持续3～6年不等。根据近年来的研究热点变化趋势，随着计算机科学和生物技术的发展，深度学习、神经网络、增强现实技术等人工智能技术融合应用于生物智能领域，出现了神经形态计算、卷积神经网络、情感识别、迁移学习等生物智能领域热门研究主题。虽然中国生物智能研究领域取得了文献发表数量等方面的领先优势，但文献质量仍未呈现出领先优势。下一步，我国需继续深入扩大人工智能在生物智能领域的应用研究，获取生物智能研究领域领先优势。

第三节　智能飞行器产业

一、产业概要与前景

智能飞行器在军事、航空等不同领域定义不同，本书所述智能飞行器是指具有低空域（通常1000 m以下，上限不超3000 m）飞行功能，可跨陆地、水域、空域运行的自适应飞行智能运载和特定功能的装备。智能飞行器作为复杂的综合技术集成体，集环境感知、规划决策、多等级辅助驾驶等功能于一体，涵盖机械、电气、材料、自动化、导航、感知、计算机、人工智能等多学科领域。智能飞行器集中运用了计算机、现代传感、信息融合、通信、人工智能和自动控制等技术，是典型的高新技术综合体。其中，陆-空构型融合设计、高效-长时续航动力系统研发、城市环境智能驾驶等成为影响智能飞行器发展的主要技术瓶颈。智能飞行器打破了海陆空交通界限，具备飞行功能或兼具陆行、水行功能，其软硬件系统可满足地面、水面和空中飞行。区别于消费娱乐无人机，智能飞行器具有载人、载物、科学研究、测绘等多种应用功能。

智能飞行器产业是由智能感知、智能控制、智能决策等前沿技术驱动形成的新技术产业，产业链主要包括上游的材料、动力系统、感知、飞控系统、自动驾驶、技术研发等，中游的自动驾驶飞行器、飞行汽车、飞行船等，以及下游的快递物流、载人交通、旅游、测绘、探测、农业等多场景应用。

随着技术逐步成熟，作为低空域立体交通智能飞行装备，智能飞行器有望成为未来的主流交通方式。目前，智能飞行器发展重点主要为电动垂直起降飞行器、飞行汽车等，飞行船或无人驾驶水上飞机之类的海空智能飞行器研究相对较少，仅有维珍飞行器等少量案例。全球大众、通用、谷歌、英特尔、优步、吉利、亿航智能、纬航科技等汽车、航空、科技和新创企业相继布局智能飞行器产业。综合摩根士丹利、德勤等多个专业机构的预测研究结果，预计2030年全球智能飞行器市场规模将超5000亿美元，其中飞行汽车约占60%，预计2040年智能飞行器产业规模将达2万亿美元。

二、产业演化进展

（一）产业链演化

智能飞行器产业属于航空技术与汽车、轮船等技术交叉融合衍生的新产业，具有资本、技术和人才密集的特点。目前，智能飞行器产业尚处于萌芽期，除消费级无人机和军用无人机外，空域专用电动垂直起降飞行器、陆空两用飞行汽车、海空两用飞行船等均处于研究开发、小批量试制或原型机阶段，产业演化处于探索期，规模尚小，但产业潜力大。

从智能飞行器产业演化来看，飞行汽车梦想源于百年前的格林·卡蒂斯，到1956年莫尔顿.泰勒（Moulton Taylor）设计的飞行汽车获得全球首个适航证。2009年，美国马萨诸塞州特拉福嘉公司世界首辆飞行汽车"飞跃"试飞成功。2012年，美国马萨诸塞州特拉弗吉亚公司"变形"飞行车完成首度试飞，且获美国联邦航空管理局（FAA）核准合法行驶或飞行。但新技术驱动的智能飞行器产业仍处于全球性的原型研制、试飞和标准建立阶段，飞控、动力、电池、安全备降、自动飞行等产业链尚处于演化发展早期的萌芽阶段，技术路线与产业结构仍处于不确定性变化阶段，监管政策仅适用于特定智能飞行器，产业链紧随技术发展逐步演化，预计10年后方能形成完整的产业格局与分工。

从全球来看，目前国际航空霸主波音、空客、贝尔，汽车巨头戴姆勒、丰田、本田、现代、通用等均强势介入智能飞行器产业，涌现出美国的Joby Aviation、德国的Volocopter和Lilium、日本的SkyDrive、英国的Vertical、巴西的Eve等大批创业公司。作为面向城市空中交通和未来出行的新型交通工具，飞行汽车正日益受到航空和汽车领域的重视，成为航空与汽车技术与产业跨界融合的重要发展趋势。

从中国来看，吉利、一汽、广汽、长城、小鹏等汽车企业相继研发陆空两用飞行汽车，亿航智能、峰飞航空、玮航科技等科技创业企业正全力探索自动驾驶飞行器。亿航智能等推出了空中交通（载人和物流）、智慧城市管理等系列自动驾驶飞行器，小鹏汇天、沃飞长空等则推出了旅航者、太力飞车等飞行汽车。

从智能飞行器产业主要类别看，工业级无人机相对发展较为成熟，形成了一定的产业规模。据中国航空工业集团发布的《通用航空产业发展白皮书（2022）》，2021年全球工业级无人机市场约960亿元；自动驾驶飞行器、飞行汽车等尚未形成规模化市场，但参与研发企业已达相当数量，市场前景广阔。2018年，罗兰贝格（Roland Berger）发布的《城市空中交通——一种新型交通方式的兴起》预测，到2025年将有3000台飞行汽车投入使用，随后呈指数增长；2050年全球范围内将有近10万台飞行汽车用于空中出租车、机场班车和城际航班服务。摩根士丹利预测，城市空中交通（Urban Air Mobility）蓝海市场将呈显著增长趋势，2040年规模将超过1.4万亿美元。

综合来看，智能飞行器产业演化已初具雏形，基本形成产业链框架，上游材料、动力系统、感知系统、飞控系统、自动驾驶等研发创新动力强劲，供应能力基本可适应自动驾驶飞行器、飞行汽车、飞行船等小规模试制需求，下游快递物流、载人交通、旅游、测绘、探测、农业等多场景应用逐步展开，开拓了一批典型场景应用。

（二）股权投资

鉴于解决城市快速便捷交通的现实需求，以及人类追逐飞翔的梦想，随着智能飞行器领域系列关键技术不断突破，监管政策渐趋满足智能飞行器行业发展需求，创新资本关注度逐步升温。特别是2018年全球首款飞行汽车（PAL-V）开启量产预订，标志着飞行汽车向量产和规模应用阶段进阶，引起了资本市场的空前关注。近5年，智能飞行器领域发生的典型融资事件如下：

2019年，美光科技战略投资城市空中交通开拓者 Volocopter 的C轮融资。

2020年，美国飞行汽车初创公司Joby Aviation宣布完成C轮5.9亿美元融资，丰田汽车领投，SPARX Group、Intel Capital等跟投，其中丰田汽车投资3.94亿美元。

2020年，日本头部飞行汽车企业SkyDrive完成3700万美元B轮融资，由

Development Bank of Japan 领投。

2021年，中国自动驾驶飞行器企业上海峰飞航空宣布，完成1亿美元A轮融资，用于载人垂直起降飞行器（eVTOL）研发制造、高端人才储备、适航取证等。

2021年，小鹏汇天完成5亿美元的A轮融资，投前估值10亿美元，创下亚洲飞行汽车融资纪录。

2022年，日本SkyDrive宣布获得铃木汽车、三井住友信托银行等13家机构约6600万美元的C轮融资等。

2023年，吉利沃飞长空宣布完成超亿元的首次市场融资，由华控基金领投，元禾原点、鸿华航空、空天翱翔等跟投。

2020年9月—2022年5月，短短一年多，仅中国飞行汽车领域即发生股权融资事件11起（表42）。这股全球性投资热潮也促发了智能飞行器企业上市小高峰：2019年亿航智能登陆美国资本市场，2021年美国 Archer和Joby Aviation、德国Lilium、英国 Vertical、巴西 Eve等5家智能飞行器企业成功在美国资本市场上市，成为智能飞行器投资热潮的标志。

表42　2020年9月—2022年5月中国飞行汽车创业企业融资事件

企业名称	融资时间	轮次	投资机构	融资金额
纬航科技	2020年9月	种子轮	启迪之星创投	—
	2021年11月	天使轮	顺为资本、变量资本、南京纬众科技有限公司	数千万元
边界智控	2021年5月	天使轮	红杉种子基金、东方富海	数千万元
时的科技	2021年9月	种子轮	蓝驰创投	1000万美元
		种子+轮	德迅投资	

续表

企业名称	融资时间	轮次	投资机构	融资金额
VOLANT沃兰特	2021年9月	种子轮	顺为资本、Vetech China	数百万美元
	2022年6月	Pre-A轮	明势资本、青松基金、微光创投、顺为资本	亿元级
峰飞航空	2021年9月	A轮	国际航空资本	1亿美元
小鹏汇天	2021年10月	A轮	IDC资本、五源资本、小鹏汽车、红杉中国、钟鼎资本、GGV纪源资本、高瓴创投、云峰基金	5亿美元
	2022年6月	—	星航资本	—
必昂科技	2022年1月	天使轮	奇绩创坛	—
Wefly	2022年5月	天使轮	渶策资本、线性资本	数千万美元

数据来源：根据公开资料整理。

三、技术研发进展

智能飞行器以其低空飞行功能，区别于传统地面行驶的汽车或水面行驶的轮船。同时，智能飞行器作为能满足城市噪声和排放控制要求的低空交通工具，具有自动驾驶、垂直起降等功能，区别于普通航空飞行器。

智能飞行器的起降方式可分为滑跑飞行起降、垂直起降等，其动力形式可分为燃料动力、电动、混合动力等。当今，具备自行飞行功能的垂直起降电动智能飞行器的研究成为全球研发主流方向。波音、空客、贝尔、巴西航空、中航工业等传统航空企业巨头均已布局电动智能飞行器研发，典型城市空中交通电动智能飞行器产品如表43所示。

125

表43　航空企业电动智能飞行器研发

项目	空客	空客直升机	波音	波音	贝尔	巴西航空
型号	A3 Vahana	City Air Bus	Aurora PAV	Wisk Aero Cora	Nexus 6HX	Dream Maker
国家/地区	欧洲	欧洲	美国	美国	美国	巴西
垂直起降形式	倾转旋翼	固定风扇	固定旋翼	固定旋翼	倾转风扇	固定旋翼
动力形式	纯电动力	纯电动力	纯电动力	纯电动力	混合动力	—
首飞年份	2018	2019	2019	2016	—	—
旋翼数量	8	—	8+1	12+1	—	8
涵道风扇数量	—	4	—	—	6	2
巡航速度/（km/h）	230	120	180	180	—	—
最大速度/（km/h）	—	—	—	—	288	—
最大航程/km	100	45	80	100	241	—
最大起飞质量/t	1.450	2.200	0.8	—	2.720	—
设计载员数/人	2	4	2	2	5	—

电动汽车发展，为电动飞行汽车发展奠定了较好的技术与产业基础，飞行汽车被视为汽车技术电动化、智能化之后的必然趋势，吉利太力飞车、奥迪、现代、丰田、特斯拉等汽车企业纷纷投身飞行汽车研发行列（表44）。

表44　汽车企业电动飞行汽车研发

项目	研发公司		
	吉利太力飞车	奥迪	现代
型号	TF-2	Pop.Up Next	S-A1
国家/地区	中国	欧洲	韩国
垂直起降形式	固定旋翼	固定风扇	倾转旋翼
动力形式	混合动力	纯电动力	纯电动力
首飞年份	—	—	—

续表

项目	研发公司		
	吉利太力飞车	奥迪	现代
旋翼数量	8+1	—	8
涵道风扇数量	—	4	—
巡航速度/（km/h）	230	—	290
最大速度/（km/h）	—	120	—
最大航程/km	300	50	97
最大起飞质量/t	—	2.000	—
设计载员数/人	5	2	5

亿航智能等新兴科技公司，以发展城市低空立体交通为导向，大力投入技术研发，成为智能飞行器研发新锐主力军，一批获超亿美元融资的代表性新兴科技公司已研发出多种用途和功能的智能飞行器（表45）。

表45 新兴科技公司典型智能飞行器研发

项目	研发公司			
	Jopy Aivation	亿航	Volocopter	Lilium
型号	Joby S4	Ehang 216	Volocopter 2X	Lilium Jet
国家/地区	美国	中国	德国	德国
垂直起降形式	倾转旋翼	固定旋翼	固定旋翼	倾转风扇
动力形式	纯电动力	纯电动力	纯电动力	纯电动力
首飞年份	2017	2017	2017	2019
旋翼数量	6	16	18	—
涵道风扇数量	—	—	—	36
巡航速度/（km/h）	322	100	—	—
最大速度/（km/h）	—	130	100	300
最大航程/km	246	35	27	300
最大起飞质量/t	1.815	0.600	0.450	1.300
设计载员数/人	4	2	2	5

数据来源：根据公开资料整理。

目前，智能飞行器研发面向的主要应用为城市空中交通的空中出租车、空中巴士、物流运输等，研发重点聚焦于技术路线探索、原理样机研发、飞行测试验证等几个方面，已研发成功的典型电动智能飞行器最大起飞质量与航程分布见图29。

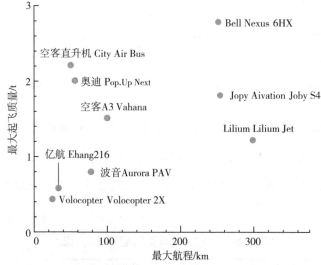

图29　典型电动智能飞行器的最大起飞质量与航程分布

智能飞行器用于城市空中交通和未来出行，仍面临性能、适航认证、空中交通管理和市场运营消费等诸多瓶颈和障碍。关于适航认证、空中交通管理和市场运营消费等关键问题及解决途径，美国优步、美国航空航天局、亿航智能等发布的城市空中交通白皮书做了阐述和探讨。目前，垂直起降与推进噪声大、效能低，车身升阻比小、底盘重和结构碰撞安全性差，以及低空飞行驾驶安全等三个问题成为制约智能飞行器发展的主要瓶颈，高功率密度电动推进、高升阻比轻质车体、低空飞行智能驾驶将是解决瓶颈的主要途径与关键技术（图30）。

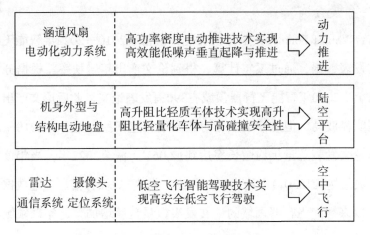

图30　智能飞行器的主要瓶颈与关键技术

四、基于文献的研究前沿与热点

1. 数据采集及研究方法

以Web of Science核心合集为文献数据库，根据检索结果分析智能飞行器领域研究趋势和热点。以TS=（"automatic driving" OR "low altitude" OR "advanced battery management" OR "flight control" OR "traffic data processing" OR "neural network traffic prediction" OR "adaptive cruise control" OR "precise localization"）为检索式，对Web of Science核心合集文献数据库进行文献检索，检索日期设定为2010—2022年，并将文献类型限制为论文，共检索出智能飞行器领域9970篇文献数据。

利用Web of Science文献数据分析功能，统计分析智能飞行器领域论文发表年度分布、国家分布和机构分布等情况，同时利用CiteSpace文献计量软件分析该领域近年来研究热点变化情况。

2. 年度分布

结合Web of Science文献分析功能，获得了2010—2022年智能飞行器领域论文发表数据，通过逐年计算，得到论文产出年增长率。根据分析结果（图31），2010年智能飞行器领域有390篇发表论文，此后论文产出增长速度出现明显波动，但总体上以相对较高增长速率稳定上升，2010—2022年领域内论文发表总量年均增长率达到12.06%。截至2022年，当年该领域论文发表数量达到1530篇，约为2010年论文发表总量的4倍。上述数据表明，2010年以来智能飞行器领域的论文发表数量显著增加，近年来领域内的学术研究异常活跃。

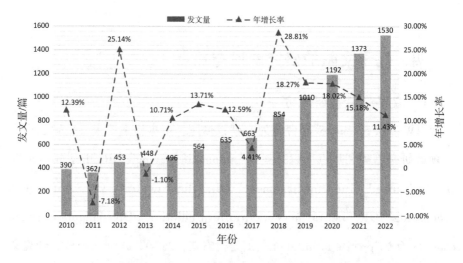

图31　2010—2022年智能飞行器领域发表论文年度分布

数据来源：Web of Science。

3. 主要研究国家分布

2010—2022年，智能飞行器领域论文发表总量排名前10的国家分布情况如图32所示。中国、美国居于研究领先地位，论文产出量远超德国、英国等国，中美两国论文发表总量占排名前10国家文献总量的六成以上。其中，中国以3679篇（占比38.3%）文献数量居第一位，美国以2325篇（占比24.2%）文献数量居第二位，随后为德国（占比6.2%）、英国（占比5.9%）、法国（占比5.4%）、意大利（占比4.3%）、日本（占比4.2%）等国家，分别位居第三至七位，论文总量均在400篇以上。通过进一步研究文献发表总数排名前4的国家，分析其近10年论文发表变化情况，具体如图33所示。从论文发表总量看，在中国、德国、英国等国家起步发展时，美国已经积累了一定数量的研究成果，且持续保持着论文发表总量的领先优势，但在2015年被中国赶超。从历年论文发表总量增长速率看，2010—2022年，中国、美国、德国、英国四个国家在智能飞行器领域论文发表总量年均增长率分别为26.50%、5.88%、4.59%、3.28%，均呈现出增长态势，但中国在该领域的论文发表总量年均增长率绝对领先，是其他国家年均增长率的4倍以上。综合上述数据，可以看出智能飞行器领域学术研究活跃，研究活动相对集中于中国、美国、德国、英国等国家。

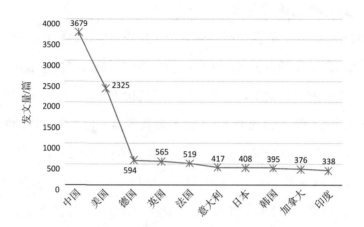

图32　2010—2022年智能飞行器领域论文发表总量排名前10的国家分布

数据来源：Web of Science。

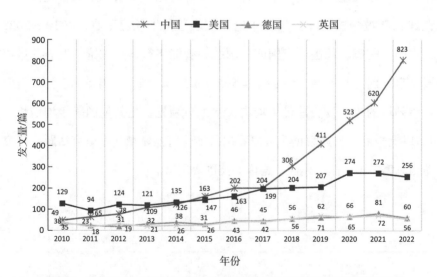

图33　2010—2022年智能飞行器领域论文发表总量排名前4国家

论文发表量年度分布

数据来源：Web of Science。

4. 主要研究机构分布

2010—2022年，智能飞行器领域论文发表总量排名前10的机构为中国科学院等（表46），主要来自中国、美国、法国和荷兰等地。来自中国的中国科学院发文量最多，以445篇论文总量位列第一，美国加利福尼亚大学系统以320篇论文总量位列机构发文总量第二。北京航空航天大学和南京航空航天大学等2所中国高校，法国国家科学研究中心和法国研究型大学等2所法国研究机构，以及美国航空航天局等机构均进入论文发表总量前10，且论文发表总量均在200篇以上，其余则有中国科学院大学、清华大学以及荷兰的代尔夫特理工大学等高校，分别以150篇左右的文献总量进入前10名单。总体来看，在智能飞行器领域论文发表总量前10的机构中，中国有5家高校及研究机构进入名单，且5家机构论文总量达到1275篇，占领域内发文量前10机构论文总数的一半以上，远远超过美国、法国、荷兰等国家，这表明近年来中国在智能飞行器领域的学术研究活动非常活跃，且具有一定的领先优势。

表46　2010—2022年智能飞行器领域论文发表总量排名前10机构分布

国家	机构名称	发文量/篇	发文量排名
中国	中国科学院	445	1
美国	加利福尼亚大学系统	320	2
中国	北京航空航天大学	291	3
法国	法国国家科学研究中心	264	4
中国	南京航空航天大学	232	5
法国	法国研究型大学	224	6
美国	美国国家航空航天局	216	7

续表

国家	机构名称	发文量/篇	发文量排名
中国	中国科学院大学	158	8
荷兰	代尔夫特理工大学	152	9
中国	清华大学	149	10

数据来源：Web of Science。

5. 研究热点

采用CiteSpace文献计量软件对智能飞行器检索所获文献进行关键词突发性探测分析，得到了表47所示的2010—2022年智能飞行器领域排名前15突现关键词列表。根据表47分析结果，第一阶段（2010—2016年）的突现关键词为交通管制和动力学，说明在此阶段主要聚焦于基础概念及理论研究。第二阶段（2020—2022年）较前一阶段在研究的广度和深度上得到了大幅提升，引入了其他学科领域的新兴技术，如信息技术、人工智能以及数学建模等，出现了深度学习、强化学习、机器学习、深度强化学习、模型预测、数据建模、即时系统、汽车动力学、自动驾驶汽车、特征抽取等一批前沿热门的研究主题，且研究热度尚未出现衰退的迹象。通过将上述技术关键词在中国知网中进行进一步检索，可以发现深度强化学习、模型预测等技术主要应用在自动驾驶汽车与智能交通工具的研究中。这说明在智能飞行器产业领域，我们应持续关注人工智能等信息技术在无人汽车中的研究与应用。

表47　2010—2022年智能飞行器领域排名前15突现关键词列表

关键词	关联强度	开始时间	结束时间	2010—2022年
交通管制	9.33	2010	2011	■■□□□□□□□□□□□
动力学	8.44	2012	2016	□□■■■■■□□□□□□
深度学习	16.5	2020	2022	□□□□□□□□□□■■■
强化学习	14.04	2020	2022	□□□□□□□□□□■■■
机器学习	12.18	2020	2022	□□□□□□□□□□■■■
信息技术	9.11	2020	2022	□□□□□□□□□□□■■
深度强化学习	7.98	2020	2022	□□□□□□□□□□□■■
模型预测	13.83	2021	2022	□□□□□□□□□□□■■
数据建模	11	2021	2022	□□□□□□□□□□□■■
即时系统	10.68	2021	2022	□□□□□□□□□□□■■
汽车动力学	10.53	2021	2022	□□□□□□□□□□□■■
自动驾驶汽车	9.4	2021	2022	□□□□□□□□□□□■■
计算机建模	9.4	2021	2022	□□□□□□□□□□□■■
特征抽取	7.14	2021	2022	□□□□□□□□□□□■■
数学建模	6.91	2021	2022	□□□□□□□□□□□■■

数据来源：Web of Science。

　　根据检索分析结果，2010—2022年智能飞行器领域学术研究活跃，文献发表总量呈上升趋势，多集中于中国、美国等相关研究机构。从领域突现关键词探测性分析，可以看出近年来，随着人工智能等信息技术快速发展与成熟，机器学习、深度学习、强化学习、数据建模等新兴技术广泛应用于智能飞行器研究，促进了自动驾驶汽车、无人驾驶飞行器等新型运载交通工具的出现与发展。鉴于智能飞行器产业的高智能技术需求和广阔市场前景，宜进一步开展智能飞行器与人工智能等新一代信息技术融合创新与应用研究。

第四节　量子信息产业

一、产业概要与前景

量子信息是量子力学与信息科学（计算机、通信、测量等）的交叉学科，其颠覆性技术突破及应用所衍生的产业，被称为量子信息产业。量子信息产业主要包括量子计算、量子通信、量子测量等三大细分领域，研究范畴包含量子密码与量子通信、量子计算、量子模拟、量子传感、量子计量等，利用量子力学原理观测和调控光子、电子等微观粒子系统及其量子态，借助量子叠加和量子纠缠等独特物理现象，感知获取、传输和处理信息的全新方式，突破经典理论的局限。

量子信息大致经历了以下几个主要发展历程（图34）：

一是量子力学理论诞生到完善阶段（1900—1930年）。1900年，普朗克（Max Plunk）为克服经典理论解释黑体辐射规律的困难，提出了辐射量子假说，掀开了量子理论发展序幕。随后，爱因斯坦提出光量子假说，运用能量子概念进一步发展量子理论。玻尔（Niels Henrik David Bohr）、德布罗意（Louis Victor de Broglie）、薛定谔（Erwin Schrödinger）、玻恩

（Max Born）、狄拉克（Paul Dirac）等为解决量子理论遇到的困难，开创性提出电子自旋概念，创立矩阵力学、波动力学、测不准原理和互补原理，1925—1928年形成了完整量子力学理论，成为现代物理学的支柱理论之一。

二是规范理论快速发展阶段（1930—1970年）。1930年前后，量子力学取得了巨大成功，成功将人类认知世界的深度扩展到基本粒子世界，带动了量子电动力学（QED）快速发展。

三是量子信息学理论与应用加速发展阶段（1970年至今）。20世纪末，量子力学突破理论物理学和数学范围，实验物理学家和工程师们已将其作为能创造巨大价值的重要技术手段。1970年量子比特首次被提出，量子信息学先后实现了量子电路、量子隐形传输、量子拓扑序、量子因数分解、量子纠错、量子卫星、量子通信网络等的实践和应用。

随着量子信息理论与技术研究的突破和应用扩散，量子信息产业渐成雏形，产业链上、中、下游各环节构成逐步清晰，产业主体数量与类型渐趋丰富，军工、金融、化工、材料、生物、航空航天、交通等应用空间逐步打开，产业链日趋壮大，前景明朗。波士顿咨询、IDC、光子盒研究院等专业研究机构从不同视角研究了量子信息产业发展前景，提出了对前景的乐观研判。波士顿咨询预测，2030年仅量子计算市场规模将达500亿美元，而光子盒研究院2023年提出的量子计算产业规模2030年预测数则高达1197亿美元。综合各专业机构预测，以及量子信息技术演化和商业化趋势，预计量子信息产业将在2027—2030年进入商业化重要突破阶段，2030年量子信息产业规模将超过1000亿美元。

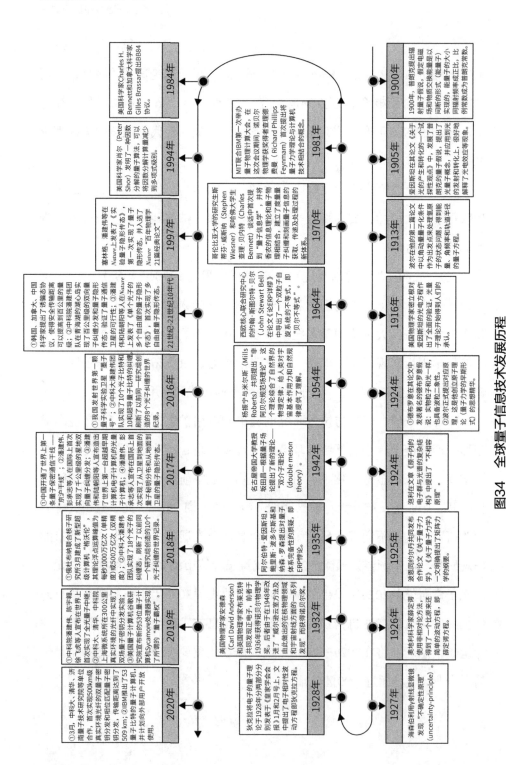

图34 全球量子信息技术发展历程

二、产业演化进展

量子信息目前仍处于前沿理论与关键技术突破的关键阶段，虽然量子计算、量子通信、量子测量等领域涌现出较大数量的创业企业，产业链日趋完善，但量子信息产业的演化仍处于萌芽期，美国、欧盟、加拿大、日本、澳大利亚、新加坡等均推出了国家/地区层面的战略规划、研发、教育、财政、税收、监管等系列政策措施，培育量子信息产业发展。如美国国家科学技术委员会于2016年出台《推动量子信息科学：国家挑战与机遇》，2018年出台《量子信息科学国家战略概述》和《国家量子计划法案》等，欧盟2016年、2017年接连发布《量子宣言》和"量子技术旗舰计划"。

美国量子信息产业重心正由大学、国家实验室向企业转移，企业数量、融资规模和技术覆盖面均高于全球各国。至2020年底，美国量子信息领域企业达182家，涵盖了量子信息三大领域主要细分应用领域和技术路径。Crunchbase数据显示，至2021年6月，已有20家美国企业共获得12.8亿美元的风险投资基金，其中量子计算领域占比超过75%。中国目前仅国仪量子、本源量子、昆峰量子等13家量子信息领域的科技企业，其中8家初创企业主要聚焦于量子通信。

从量子计算领域来看，作为量子信息产业潜力大、难度大的细分产业领域，近年来，量子计算领域呈现出全球科技巨头加速布局、初创公司快速发展的态势，美国谷歌（Google）、国际商业机器公司（IBM）、英特尔（Intel）、微软（Microsoft）、霍尼韦尔（Honeywell）等相继布局，积极开展量子处理器原型产品、软件算法等技术的研发，与科研院所和高校广泛合作，加速量子计算成果转化。中国的阿里巴巴、腾讯、百度、华为等，通过与科研院所合作或聘请知名科学家等方式成立实验室，布局研究量子计算云平台、算法、软件和应用等。全球百余家量子计算初创企业及科技巨头主要集聚于北美、欧洲、日本等，致力开发量子处理器的物理实现、量子编码、量子算法、量子软件、外围保障和上层应用等关键技术与产品，覆盖量子计算软硬件、基础配套和应用探索等产业链环节。光子盒研究院发布的《2023年全球量子计算产业发展展望》显示，2022年全球量子计算产业规模约13亿美元，此后的5年内将以31.28%年均复合增长率高速成长（图35）。

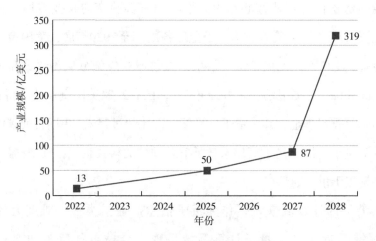

图35 全球量子计算产业规模及预测

数据来源：光子盒研究院《2023年全球量子计算产业发展展望》。
广州创新战略研究院整理绘图。

从量子通信领域来看，美国、欧洲、中国等已经建立量子通信网络，如瑞士2017年构建了光纤QKD数据传输线路；日本东芝2020年成功使用光纤QKD传送数百GB基因组数据，首次实现QKD大数据传输。其中，中国量子通信网络基础设施规模最大、传输总里程最长，实现了地空连接，网络覆盖面积最大。随着量子通信网络建设步伐的不断加快，供应组件、核心设备、基础设施建设、通信运维、解决方案等的企业，通过向量子通信网络建设提供产品和服务，产生可观的商业化收益，促成量子通信行业低基数快速发展。2021年，全球量子通信市场规模约为23亿美元，预计到2025年将增长至153亿美元（图36）。

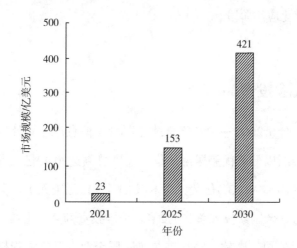

图36 2021—2030年全球量子通信市场规模统计预测

数据来源：《2022全球量子通信产业发展报告》、ICV、中商产业研究院。
广州创新战略研究院整理绘图。

从量子测量领域来看，量子传感测量作为量子信息应用场景最丰富、最接近商业化与产业化的领域，预计5年内可实现商业化应用。量子传感测量利用量子物理特性实现超高精度测量时间、加速度、电磁场、重力场等，民用和军事应用前景广阔清晰，可大幅提升资源勘探、地震预测、核磁共振成像（MRI）、正电子放射断层显像（PET）、精确计时等精度和效率，以及探测到电子传感器无法精确探测的电磁场和重力场变化等。美国国防部、英国国家量子科技、欧洲量子旗舰等均认为，量子传感测量在未来5年内可实现商业和军事应用。

综合而言，量子信息产业演化基本处于早期的萌芽阶段，产业规模尚小，量子通信相对而言演化进展稍快，量子计算处于5种不同技术路线探索期的样机研制阶段，量子测量应用场景相对丰富，预计产业演化需5～10年方可进入规模化应用阶段。

三、风险投资

通过统计分析2002—2020年全球各国量子信息产业累计风险投资情况（图37），美国以显著优势居第一位，投资总额达20.49亿美元，远高于排名紧随其后的加拿大（3.5亿美元）和英国（2.12亿美元），美国投资总额甚至超过全球其余国家投入总和的2倍。美国投资额高，主要得益于谷歌、国际商业机器公司、微软、霍尼韦尔等跨国企业近几年大规模投资量子信息。中国投资总额排名第九，投资额为0.23亿美元，显示中国社会资本对量子信息的投入相对不足。

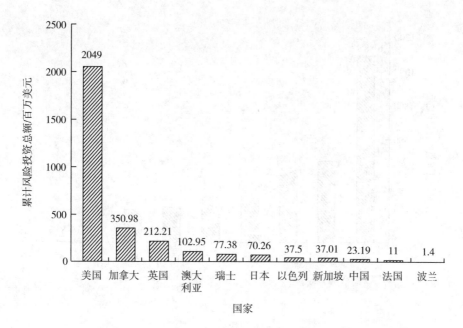

图37 2002—2020年全球各国量子信息产业累计风险投资总额

数据来源：The Quantum Insider、光子盒研究院。
广州创新战略研究院整理绘图。

如图38所示，从投资领域看，量子计算机领域获投资最多，投资总额达10.88亿美元；全栈式量子计算机领域居第二位，投资总额约4.72亿美元；量子应用领域投资额排名第三，投资额约4.36亿美元；量子传感与成像领域投资最少，仅278万美元。从图38可以看出，产业界和投资者更看好量子计算机的未来前景，无论是量子计算机硬件，还是全栈式量子计算机，软硬件及下游应用始终居于研发重心，可以预见量子计算机必然成为未来的颠覆性力量，一旦从实验室走向商业应用，其前景不可估量。

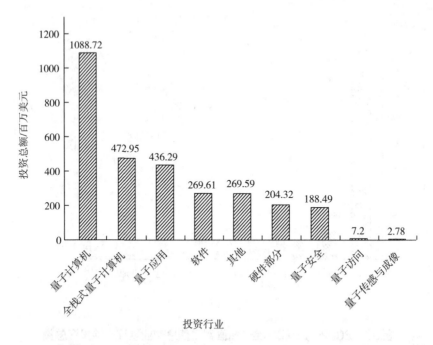

图38 2002—2020年全球按行业划分的量子技术投资总额

数据来源：The Quantum Insider、光子盒研究院。
广州创新战略研究院整理绘图。
注：1. 量子计算机是指开发完整的量子计算机（而不是软件）；
2. 全栈式量子计算机是指建立全栈量子计算机（硬件、软件、应用程序）；
3. 量子应用是指量子技术的特定应用；
4. 硬件部分是指用于量子计算机的硬件；
5. 量子访问是指提供用于量子计算机的云访问/接口/开发套件（包括模拟器）。

如图39所示，从投资案例数量来看，获得投融资的288家量子信息技术企业，量子计算机硬件企业居多，数量达89家，占比30.9%；量子应用企业居第二，有45家，占比15.6%。虽然量子安全领域投资数额较少，但初创企业数量也不俗，达39家，数量居第三。量子软件和量子传感与成像领域也涌现数量不菲的创业企业，分别达38、13家。创业企业基本覆盖了量子计算、量子通信、量子测量等量子信息三个主要领域，但高度集中于量子计算和量子通信领域。

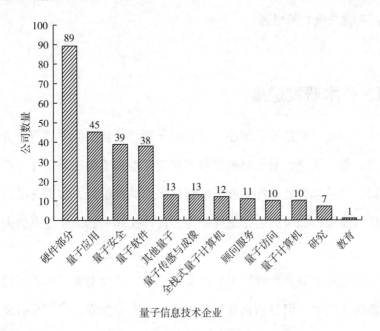

图39　按行业划分的量子技术公司数量

数据来源：The Quantum Insider、光子盒研究院。
广州创新战略研究院整理绘图。

从投资轮次看，不管是量子计算，还是量子通信、量子测量等不同细分领域，投资案例主要属于早期阶段，以天使轮、A轮和B轮为主，C轮以后的融资占比较低。如2021年量子安全网络领导者Quantum Xchange完成1350万美元的A轮融资、启科量子完成5000万元人民币的天使轮融资等，仅个别企业通过合并等方式上市融资。

从投资年份看，量子信息领域投资案例和数量均呈较快增长趋势，

2021年量子信息投资额达14亿美元，为2020年7亿美元投资额的2倍。这表明量子信息技术、样机、应用场景等不断突破，创新资本对量子信息产业的关注度和参与度显著增强。

四、技术研发进展

近年来，量子信息技术加速发展，量子硬件、量子软件、量子算法、量子通信、量子测量、量子材料等技术取得了系列重要进展，并逐渐进入大众视野，但总体仍处于技术验证和样机研制关键阶段，实现终极商业化应用，仍将需要较长时间的系统性积淀，预计2030—2035年逐渐走向技术成熟。

量子信息属于颠覆性特征明显的交叉学科，三大主要技术领域研究与技术创新快速发展，但目前仍处于基础研究与实验探索，向产品研发与应用过渡的产业化早期阶段。特别是量子计算机的研制是一项巨大的系统工程，涉及众多产业、基础和工程实施环节，需要多专业协同配合，当前属于技术攻关和样机研制阶段，处理器技术路线、编码技术、算法等大量问题尚待解决，发展方向、模式仍在摸索中。

从技术研发进展看，量子通信等三大领域已取得了系列重大技术进展。

1. 量子通信技术

近年来，量子通信理论验证、实用化水平和应用场景开发等取得了一批重要研究成果。2006年来，潘建伟团队先后实现两个光子的偏振态传输、多自由度的量子隐形传态。2010年、2012年我国先后实现16 km、97 km量子隐形传态，2022年利用"墨子号"量子科学实验卫星，首次实现地球上相距1200 km的量子态远程传输，该系列成就为发展可扩展量子计算和量子网络技术奠定了坚实基础。2015年，荷兰代尔夫特理工大学克服传统实验中的光子探测效率和传输距离漏洞，验证了量子纠缠的非定域性。2016年，东芝欧研所报道了光量子态与传统光信号基于波分复用实现共纤传输和对高速信号进行实时加密，增强了量子密钥分发的实用性。2017年，中国科学技术大学报道了基于新型测量设备无关协议的404 km光纤线路量子密钥分发实验，英国布里斯托大学和牛津大学分别报道了基于光子集成电路芯片化量子密钥收发器和基于空间光的手持式量子密钥终端。2021年，东芝欧研报道了实验室环境下双波段参考光相位补偿605 km双场（TF）QKD传输实验，成码率为0.97 bit/s。中国科学技术大学报道了511 km超低损现网光纤时频传递方案TF–QKD传输实验，成码率为3.45 bit/s。美国国家橡树岭实验室（ORNL）、斯坦福大学和普渡大学联合团队报道了三节点量子纠缠局域网原型试验，各节点纠缠保真度大于92%。

2. 量子计算技术

近几年来，量子处理器物理实现、量子编码、量子算法、量子软件、外围保障和上层应用等量子计算技术取得系列突破。2019年10月，谷歌量子AI团队在*Nature*发布包含54个量子比特的超导量子芯片"Sycamore"，该芯片可实现并行量子门操控时，99.84%精度的单比特门、99.38%精度的双比特门和96.2%精度的读出，代表了当前超导量子计算最高水平。经过浙江大学、中国科学技术大学、中国科学院物理研究所等科研机构的努力，2020年9月，本源量子公司上线中国首个接入实体量子计算机的量子计算云平台。2019年7月，日本国立情报学研究所（NII）开发的Coherent Ising Machine量子退火机，拥有超过现有量子计算机的性能。2020年，欧洲高能物理研究所（IFAE）量子计算技术组开展首个大规模量子退火项目AVaQus。2020年12月，中国科学技术大学报道了"九章"76光子单模压缩光学试验系统，实验验证了量子计算的优越性，2022年进一步提升至113光子。2020年4月，剑桥量子计算公司宣布在量子计算机上执行自然语言处理测试获得成功，这是全球首次成功验证量子自然语言处理应用。

3. 量子测量技术

近年来，麻省理工学院等全球各国高等院校研究机构，取得量子测量技术、光子学、低噪声微波放大器等大量原创性和突破性研究成果，推出冷原子钟、重力仪、磁力计、光量子雷达等系列样机和产品。2010年，普林斯顿大学报道了原子SERF磁力计，实现0.16fT/Hz1/2灵敏度，成为全球最高磁场检测精度；2011年，加利福尼亚大学伯克利分校首次实现超流体量子干涉陀螺仪；2016年，美国国家标准与技术研究院实现了镱原子光频标稳定度突破1.6×10^{-18}量级；2016年，中国科学技术大学首次提出全光纤集成的量子测风激光雷达；2020年，中国电子科技集团有限公司第十四研究所等联合研制超导阵列单光子激光雷达，成功实现低空大气层真实环境数百公里外固定和移动隐形小目标的实时、高灵敏、高精度、高速率探测与跟踪。Northrop Grumman、Twinleaf等科技企业实现了量子惯性导航、量子时间基准等小型化、集成化和商品化，2013年Northrop Grumman实现体积仅10 cm^{3}的小型化核磁共振陀螺仪。

五、基于文献的研究前沿与热点

1. 数据采集及研究方法

以Web of Science核心合集为文献数据库，根据文献检索结果分析研判量子信息领域研究趋势和热点。以TS=（"quantum communication" OR "quantum key" OR "quantum channel" OR "quantum teleportation" OR "quantum cryptography" OR "quantum network" OR "quantum relay" OR "quantum random" OR "quantum switch" OR "quantum encryption"）等为检索主题词，对Web of Science核心合集数据库进行文献检索，将文献类型限制为论文，将检索日期范围设置为2010—2022年，检索出量子信息领域12610篇文献。

根据检索所获文献，统计分析论文发表的年度分布、国家分布以及机构分布等情况。同时，采用CiteSpace文献计量软件对量子信息领域的研究热点进行关键词探测性分析，获得相关突现关键词列表。

2. 年度分布

根据图40所示结果，可以看出2010—2022年量子信息领域论文产出数量呈现明显的增长趋势。除2011年论文产出总量保持不变与2017年论文总量有小幅下降外，其余年份论文产出数量均逐年增加，年增长率均在3%以上，最高增长率达到近24%，且同一时期内论文产出年均增长率也达到8.88%，实现在2022年量子信息领域全年发文量达到1596篇。

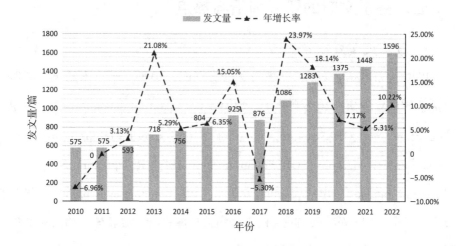

图40　2010—2022年量子信息领域发表论文年度分布

数据来源：Web of Science。

3．主要研究国家分布

2010—2022年，量子信息领域论文产出总量排名前10的国家分布情况如图41所示。从该图可以看出，中国是量子信息领域学术研究最为活跃的国家，2010—2022年中国在该领域论文产出总量高达5528篇，占排名前10国家文献总量的比重约45.4%，约为美国在该领域论文产出总量（1685篇）的3.28倍。德国、英国、加拿大等国家论文总量分别为862篇（占比7.1%）、764篇（占比6.3%）、742篇（占比6.1%）。图42进一步分析了量子信息领域论文产出量排名前4国家的论文产出年度分布情况，由图42可知，中国在量子信息领域的学术研究较其他国家起步早且积累多。2010—2022年，中国在该领域的论文产出量呈现出明显的增长趋势，论文发表数量由2010年的209篇增长至2022年的741篇，且在同一时期内中国在量子信息领域论文发表数量的年均增长率达到11.12%，历年论文年发表数量和年均增长率均远高于同期其他国家。美国自2010年来在量子信息领域内的论文年产出总量平稳增加，截至2022年底，美国在该领域论文产出总量年均增长率达到8.57%，说明其论文产出增速较快，但总数量比中国少。德国、英国等国家在该领域的年论文产出数量变化并不明显，分别保持着4.88%、6.89%的年均增长率。上述分析反映出量子信息领域的学术研究较为活跃，且主要集中于中国、美国等国家。

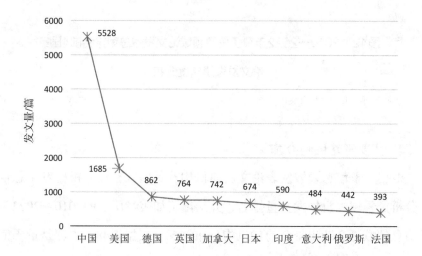

图41　2010—2022年量子信息领域论文发表总量排名前10的国家分布

数据来源：Web of Science。

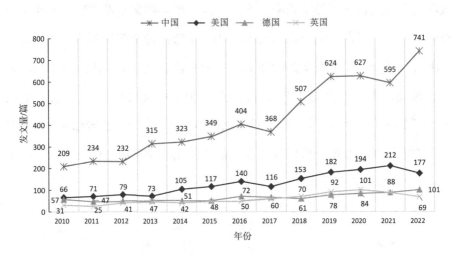

图42　2010—2022年量子信息领域论文发表总量排名前4国家

论文发表量年度分布

数据来源：Web of Science。

4．主要研究机构分布

根据量子信息领域发表论文所属机构及其国家，按照机构发文总量统计分析了领域内机构发文量排名，并给出了如表48所示的2010—2022年量子信息领域论文产出排名前10机构分布情况。根据表48，中国是量子信息领域论文产出排名前10机构中机构数最多的国家，来自中国的5家研究机构占据了排名前5位，分别是中国科学院、中国科学技术大学、北京邮电大学、中科院量子信息量子物理卓越中心及清华大学。其次，法国国家科学研究中心和法国研究型大学等两所研究机构分别凭借286篇论文和258篇论文位列第六名和第九名。其余则有加拿大滑铁卢大学、俄罗斯科学院、新加坡国立大学等进入前10排名。总体上，量子信息领域论文产出机构排名与国家分布排名存在一定差异，虽然机构排名再次验证了中国是该领域内发文量最多的国家，但德国和英国的机构排名情况却与其论文产出国家分布前4的排名不符，可能是上述两个国家在量子信息领域的学术研究分布相对分散引起的。

表48　2010—2022年量子信息领域论文发表总量排名前10机构分布

国家	机构名称	发文量/篇	发文量排名
中国	中国科学院	1110	1
中国	中国科学技术大学	770	2
中国	北京邮电大学	510	3
中国	中科院量子信息量子物理卓越中心	480	4
中国	清华大学	287	5
法国	法国国家科学研究中心	286	6
加拿大	滑铁卢大学	273	7
俄罗斯	俄罗斯科学院	264	8
法国	法国研究型大学	258	9
新加坡	新加坡国立大学	245	10

数据来源：Web of Science。

5. 研究热点

为进一步研究量子信息领域研究热点变化趋势，采用CiteSpace文献计量软件对检索所获文献数据集进行了关键词探测性分析，并得到如表49所示的2010—2022年量子信息领域内突现关键词排名前15列表。根据表49所示分析结果，可以发现第一阶段（2010—2015年）主要聚焦于贝尔定理、腔量子、量子隐形传态确定以及概率传递等研究主题，其中对贝尔定理与腔量子的研究关联强度较高且关注持续时间长，反映出该阶段主要涉及量子基本理论及概念的研究。第二阶段（2013—2020年）增加了对光学、线性光学、量子脱散、贝尔态以及量子基本粒子等的研究关注热度，其中对贝尔态的研究热度持续时间最长，而对线性光学的研究关注度最高。第三阶段（2018—2022年）加强了对量子技术的应用研究，量子光学、量子安全、后量子密码技术、量子算法、量子计算以及量子场论等成为新的研究趋势，其中后量子密码技术的研究关联强度最大，这可能是因为随着量子计算机的出现，现有的密码算法将会被攻破，需要新的能够抵抗这类攻击的密码算法，因此后量子密码技术成为当前量子信息领域最为热门的研究主题。此外，量子光学和量子计算的研究关联强度值也相对较高，且尚未出现热度衰减的迹象，说明这些研究领域仍是学术界未来应继续关注的主题。

表49　2010—2022年量子信息领域排名前15突现关键词列表

关键词	关联强度	开始时间	结束时间	2010—2022
贝尔定理	26.55	2010	2015	■■■■■■□□□□□□□
腔量子	25.25	2010	2015	■■■■■□□□□□□□□
量子隐形传态确定	14.53	2010	2012	■■■□□□□□□□□□□
概率传递	14.15	2010	2011	■■□□□□□□□□□□□
光学	14.85	2013	2015	□□□■■■□□□□□□□
线性光学	18.42	2015	2017	□□□□□■■■□□□□□
量子脱散	15.23	2015	2017	□□□□□■■■□□□□□
贝尔态	17.61	2016	2020	□□□□□□■■■■■□□
基本粒子	15.02	2016	2017	□□□□□□■■□□□□□
量子光学	30.53	2018	2022	□□□□□□□□■■■■■
量子安全	19.09	2018	2022	□□□□□□□□■■■■■
后量子密码技术	47.89	2019	2022	□□□□□□□□□■■■■
量子算法	24.67	2019	2022	□□□□□□□□□■■■■

续表

关键词	关联强度	开始时间	结束时间	2010—2022
量子计算	33.87	2020	2022	□□□□□□□□□□■■■
量子场论	15.5	2020	2022	□□□□□□□□□□■■■

数据来源：Web of Science。

上述分析表明，2010—2022年来量子信息的研究热点呈动态变化，贝尔定理、量子脱散、贝尔态，以及量子基本粒子等成为不同时期的研究热点，但近年来，随着量子信息技术发展，学术界丰富了量子光学、量子安全、后量子密码技术、量子算法、量子计算以及量子场论等主题研究，标志着量子信息领域学术研究由基本理论转向量子信息技术等方面的创新研究。量子信息领域论文年产出规模呈逐年增大的发展趋势，中国已成为该领域论文产出总量最多、发文总量进入前10的机构数量最多的国家，量子信息领域历年论文产出增长速率快于同期国际总体增长速率。为引领带动量子信息产业创新发展，未来仍需紧盯量子信息前沿进展，保持量子通信的领先优势，加强量子计算与测量领域研究，实现以技术创新引领产业创新。

第五节　商业航天产业

一、产业概要与前景

商业航天产业是指由前沿新技术驱动形成、以市场机制运行的新航天技术产业。商业航天产业兼具航天与商业双重属性，商业属性区别于不考量成本收益的政府航天活动。商业航天产业具备高度知识密集、技术密集和资本密集，研发强度高、风险大的特点，其演化发展主要源于发射成本降低和技术飞跃，以市场机制配置资源，以航天技术研发、产品开发、系统运营、应用服务为核心。

商业航天产业上、中、下游主要构成如下：

上游产业主要包括人造卫星、空间站、空天装备等。其中，人造卫星由卫星保障系统和卫星载荷构成；空间站则由对接舱、气闸舱、轨道舱、生活舱、后勤服务舱、专用设备舱和太阳能电池等组成；空天装备包括探测器、飞行器、着陆器等各类太空科研、探测、生产和生活装备，如太空采矿机器人、火星探测器等。

中游产业包括运载火箭、航天飞机、地面测控装备和卫星终端设备等。其中，运载火箭主要由箭体结构、动力装置、控制系统等构成；地面测控设备包括卫星测控设备和卫星终端技术设备；卫星终端设备主要为面向应用的卫星通信设备、卫星智能车载设备、卫星导航设备、测绘设备、气象及海洋专用设备等。

下游产业主要为卫星通信、卫星导航、卫星遥感、太空旅游、空天能源等的应用，随着卫星互联网、低成本发射技术等不断进步，航天应用场景将更加广泛，并将催生出新的航天应用场景。如将人类送入太空观赏太空风光的太空旅游（太空边缘游、零重力游、亚轨道太空旅游和轨道太空旅游等）、从太空获取丰富矿产资源并带回地球使用的太空挖矿、利用火箭作为运输载体的火箭洲际货运和客运等。

根据Statista的预测，2030年全球航天经济规模将达5996亿美元，2020—2030年航天经济规模复合年均增长率（CAGR）达4.7%，衍生应用市场、卫星互联网、遥感服务、火箭发射服务等将实现快速增长。花旗研究2022年的《太空经济——开启新时代》预测，到2040年太空产业将成为一个万亿美元产业，复合年均增长率约5%。长期而言，随着新技术催生出大量新太空应用，今天难以想象的太空旅游、太空采矿等将成为凡物，商业航天产业将展现出广阔发展空间，甚至成为改变人类在宇宙中命运的关键力量。

二、产业演化进展

从产业演化视角来看，全球商业航天产业已经历概念阶段和萌芽阶段，进入成长阶段，其主要发展历程如下：

概念阶段（1960—1990年）：航天商业化起步，航天事业开启向商业市场开放进程，1984年美国出台《空间商业发射法案》，标志着政府和军方航天事务按商业规则采购招标的新里程。

萌芽阶段（1991—2010年）：数字地球（Digital Globe）、太空探索技术（SpaceX）、蓝色起源（Blue Origin）等新兴航天企业纷纷破土而出，卫星需求激增，基于政府航天事业所建立的技术和产业基础，进一步演化分工，初步形成商业航天产业链框架。

成长阶段（2010年至今）：随着低成本发射、可重复使用、新材料和卫星等技术不断突破，重型火箭"猎鹰"首飞、SpaceX回收技术稳定、"星链"星座计划部署实施等系列重要事件驱动，各国纷纷推出商业航天战略与激励政策，商业航天创业进一步活跃，成本大幅下降，市场规模扩大，应用场景扩宽，产业链进一步深化分工和演化发展。

美国卫星产业协会（SIA）公布的数据显示，2021年，全球航天产业收入规模为3864亿美元，同比增长4.1%，其中卫星产业占比超过70%，占据航天产业主体地位。2010年前，全球航天产业规模保持超10%的复合年均增长率快速增长；2010年后，增速有所放缓。2014年以来，全球航天产业规模发展变动趋势见图43。

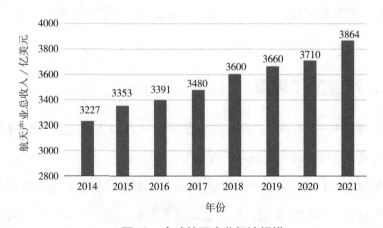

图43　全球航天产业经济规模

　　经过传统航天事业数十年的发展积淀，以及新兴商业航天创业主体的进一步演化发展，商业航天产业已经形成较为完整的产业链格局。产业链上游的卫星、火箭制造商等不断丰富，火箭呈现出可复用、数字化、标准化和通用化趋势，卫星则展现出一体化、规模化、星座化等特点，航天用连接器、微特电机、电子元器件、微波毫米波射频芯片、星载计算机、恒星敏感器、天通基带芯片等产业分工不断细化；产业链中游的火箭发射、卫星运营服务等进一步扩展，演化出海、陆、空等三类发射方式和设施，卫星运营场景与类型发展出遥感运营、通信运营与导航运营等多种类型；产业链下游的传统应用场景包括通信（广播电视传输、邮电、远程医疗、应急救灾等）、导航（海陆空交通运输、精准农业、智慧城市、自动驾驶、应急救援、气候监测等）、遥感（国防情报获取、基础设施测绘、环境监测、自然资源管理等）等不断拓展，涌现出卫星互联网、太空旅行、太空采矿、深空探索、天基能源等新兴应用场景。2020—2030年全球航天经济细分领域占比及变动情况见图44。

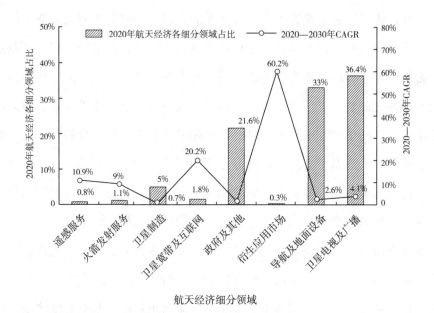

图44 2020—2030年全球航天经济细分领域占比及变动情况

数据来源：Statista、中金公司、36氪研究院。
广州创新战略研究院整理绘图。

中国商业航天起步相对较晚，2014年开放商业航天后，政府航天事业发展规模大，发展水平居国际前列。近几年商业航天的开放与发展，催生了深蓝航天、爱思达、蓝箭航天（LANDSPACE）、中科宇航等各产业环节的骨干企业，推动形成了较为完整的商业航天产业链（图45）。

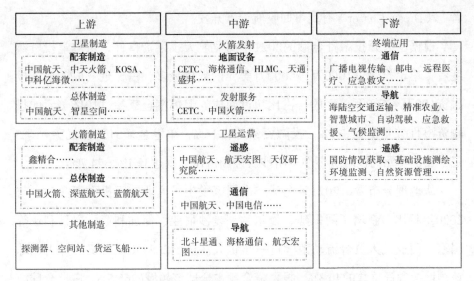

图45 中国商业航天产业链图谱

资料来源：36氪研究院。

广州创新战略研究院整理绘图。

三、股权投资

商业航天的广阔前景，使投资机构持乐观态度，创新资本加速进入商业航天创业领域。据统计，2000年以来，商业航天创业企业持续扩大，2000—2018年，全球商业航天初创企业吸引投资超过218亿美元。

根据公开投融资数据统计，2021年全球商业航天产业发生投融资事件233起，涉及199家公司，投融资总额超过157亿美元（部分未公开具体金额），投融资规模较2020年显著扩大。其中，美国太空探索技术公司年度融资达23.5亿美元，约占当年全球商业航天投资总额的15%，由近百个投资方共同投资。美国Sierra Space公司单笔融资额也达14亿美元，用于"追梦者"（Dream Chaser）有翼可回收航天器开发。

根据已公开投融资金额的2021年商业航天投融资事件，从单笔投资额度看，单笔投融资1000万～5000万美元的数量最多，占比近三成；单笔投融资100万～500万美元的，占比超过两成。但单笔金额超过10亿美元的投融资事件数量虽仅占1%，投融资额却占16%；单笔金额3亿～5亿美元、5亿～10亿美元的投融资事件，所涉及金额占比分别达31.1%、24.7%。

从地理分布看，2021年全球25个国家发生了商业航天投融资活动，与2020年相比，新增了阿根廷、爱尔兰、爱沙尼亚、保加利亚、尼日利亚等国家，商业航天资金流动范围进一步扩大。美国2021年投融资事件占全球该领域投融资总数的40.3%，投融资金额占全球该领域的65.5%，占据全球商业航天投融资活动首位。

2022年，全球商业航天领域投融资持续活跃，发生多起影响力大的典型股权融资事件。

1. 芬兰ICEYE的D轮融资

2022年2月，芬兰雷达卫星运营商ICEYE宣布完成1.36亿美元D轮融资，该轮融资由Seraphim Space领投，BAE System等9家机构跟进投资。ICEYE为芬兰阿尔托大学2014年孵化的创业企业，成立以来累计募集3.04亿美元，实现了16颗卫星在轨运行，建立起全球最大的小型SAR卫星星座。本次融资将进一步加速其卫星星座构建，扩大自然灾害洞察和解决方案业务。

2. 法国E-Space的融资

2022年2月，E-Space宣布融资5000万美元，用于发射两组试验卫星。E-Space是卢旺达2021年申报30万颗卫星组网星座项目的背后推手，旨在建造"能最大限度减少源自其撞到的物体碎片并将所接触碎片捉住以防止进一步碰撞"的卫星，远期目标是提供通信同时利用其星座收集和清除轨道碎片。

3. 日本Synspective的B轮融资

2022年3月，日本雷达小卫星企业Synspective获得由Sompo、Nomura SPARX和新加坡Pavilion Capital牵头的1亿美元B轮融资。该企业已累计筹集2亿美元，该轮资金将用于SAR卫星开发、制造、发射和运营，推进卫星大规模量产、开发卫星数据解决方案和扩张全球业务。

4. 中国爱思达新一轮数亿元战略融资

2022年4月，爱思达航天科技宣布完成新一轮数亿元战略融资，由深创投作为领投，天创资本等联合跟投，融资用于新材料项目纵深研发和天津总部基地生产线建设。创立于2018年的爱思达是中国航天航空先进结构机构设计生产一体化服务领跑者，致力于航天航空技术创新和创新产品推广应用。

5. 中国深蓝航天完成A+轮融资

2022年4月，刚完成近2亿元A轮融资的深蓝航天宣布完成A+轮融资，由民银国际作为领投，真成投资等老股东跟投，融资用于星云系列火箭可回收重复使用技术、雷霆系列发动机研制等。2016年创立的深蓝航天专注于运载火箭可回收复用技术，自研自产媲美国际市场的可回收复用火箭，已成为中国唯一实现液氧煤油垂直起降可回收复用的火箭公司，也是全球研制可回收运载火箭进度最快的公司之一。

四、技术研发进展

近年来，国际商业航天产业发展迅速，火箭、卫星等领域关键技术不断突破，诞生了多项里程碑式节点，火箭复用次数屡创新高，多个大型星座快速启动，空基发射液体运载火箭实现突破，太空亚轨道旅游迈入实际载人飞行阶段，全球商业航天进入跨越式发展新阶段，日益成为大国科技竞争前沿阵地。主要技术进展（表50～表52）如下。

1. 火箭复用等技术取得重要突破

2017年，猎鹰-9（Facon-9）火箭实现"一箭十发"，标志着迈出了火箭重复利用常态化的关键门槛，极大地冲击了全球航天发射市场。随着火箭复用技术的快速进展，复用次数不断增加，有效降低了发射成本，加快了商业化进程。2023年，美国载荷超百吨的"星舟"重型火箭发射升空（虽升空后发生空中爆炸）、中国120 t推力的液体燃料火箭发动机试射等显示火箭技术发展取得重要新进展。

2. 卫星通信等技术快速发展

随着"星链"（Starlink）卫星密集发射，人类历史上首次实现千颗以上规模卫星的快速部署，至2023年5月4日，SpaceX已发射4340颗"星链"卫星，成功实现了卫星互联网的商业化应用，"星链"宽带已进入全球53个国家。一网（OneWeb）、柯伊伯（Kuiper）等星座陆续加入，太空频率、轨道资源将愈益紧张。自2020年全球发射航天器数量首次突破1200颗以来，航天发射活动进入新一轮活跃期。

3. 新应用场景不断拓展

2021年，全球商业航天应用场景拓展取得了系列重要进展，中国"天舟二号"首飞货运飞船发射成功，英国维珍银河创始人理查德·布兰森乘坐维珍银河VSS Unity载人飞船成功实现全球首次商业太空旅行，美国蓝色起源成功实施首次载人飞行，SpaceX载人龙飞船完成全球首次全商业私人太空旅行。这一系列"首次"，标志着商业航天太空物流、太空旅游等应用技术的重大进展。

表50　2021年1月—2022年7月全球商业运载火箭发展大事记

时间	国家	事件
2021年1月24日	美国	SpaceX猎鹰九号完成第一次商业拼车任务Transport-1，将143颗卫星送入预定轨道，破单次发射卫星数量新纪录
2021年5月6日	美国	SpaceX星舰原型机SN15在试飞测试中成功着陆，试飞高度为10km
2021年12月21日	美国	SpaceX猎鹰九号完成轨道级火箭助推器的第100次回收
2022年2月27日	中国	长征八号遥二运载火箭成功将22颗卫星送入预定轨道，创造了我国一箭多星商业发射的新纪录
2022年5月6日	中国	深蓝航天研发的"星云-M"1号试验箭完成1km级垂直起飞及降落（VTVL）
2022年6月18日	美国	SpaceX猎鹰九号刷新2022年猎鹰火箭复用纪录13次

资料来源：根据公开资料整理。

表51　2021年1月—2022年7月全球商业航天器发展大事记

时间	国家	事件
2021年4月27日	中国	起源太空研制的太空挖矿机器人NEO-01搭乘长征六号成功发射，送入太阳同步轨道
2021年5月29日	中国	天舟二号货运飞船搭乘长征七号遥三运载火箭发射成功，成为中国空间站关键技术验证及建造阶段的首飞货运飞船
2021年6月17日	中国	神舟十二号载人飞船搭乘长征二号F遥十二运载火箭发射成功

续表

时间	国家	事件
2021年7月11日	英国	维珍银河创始人理查德·布兰森乘坐维珍银河VSS Unity载人飞船成功实现全球首次商业太空旅行，这也是维珍银河首次载人亚轨道飞行
2021年7月20日	美国	蓝色起源成功实施首次载人飞行，将公司创始人兼世界首富贝佐斯等4人送入亚轨道
2021年9月16日	美国	SpaceX载人龙飞船执行Inspiration 4任务，完成全球首次全商业私人太空旅行
2022年4月8日	美国	SpaceX载人龙飞船执行Ax-1任务，实现第二次全商业私人太空飞行，并首次与国际空间站对接
2022年6月5日	中国	神舟十四号成功发射升空，是我国空间站在轨建造第二阶段的首次载人飞行任务

资料来源：根据公开资料整理。

表52 2021年1月—2022年7月全球商业卫星发展大事记

时间	国家	事件
2021年7月3日	中国	成都国星宇航研制的"星时代-10"卫星搭乘长征二号丁遥七十四运载火箭发射成功
2021年7月30日	法国	法国空中客车公司制造的欧洲通信卫星量子卫星搭乘法国阿里安5火箭发射成功，该卫星是世界上第一颗商业化的完全灵活的软件定义卫星
2021年9月14日	美国	SpaceX首次风发射批量安装了激光星间链路的星链，激光星间链路将减少星座对地面信关站的依赖，同时也是第一次发射70°倾角轨道面星链卫星
2021年9月27日	中国	吉林一号高分02D卫星发射升空，顺利进入预定轨道，至此，"吉林一号"卫星星座在太空上共有30颗卫星在轨运行，组成我国规模最大的商用遥感卫星"天团"
2021年10月14日	中国	火眼位置"天枢一号"低轨导航增强技术试验卫星发射成功，进入预定轨道且遥测参数正常
2022年2月27日	中国	"启明星一号"卫星发射成功，是我国首颗微纳遥感卫星
2022年3月6日	中国	我国首颗商业组网SAR卫星"巢湖一号"成功获取首批图像

资料来源：根据公开资料整理。

五、基于文献的研究前沿与热点

1. 数据采集及研究方法

以Web of Science核心合集为文献数据库，通过文献检索结果分析全球商业航天领域研究趋势与热点变化情况。以TS=（"space information" OR "remote sensing" OR "aerospace navigation" OR "aerospace material" OR "space equipment" OR "structure of aircraft" OR "space station" OR "recoverable rocket" OR "commercial satellite" OR "ground-to-air communications" OR "commercial aerospace"）为检索式，检索Web of Science核心合集数据库，将检索时间范围设置为2010—2022年，并将文献类型限制为期刊论文，检索获得4219篇商业航天领域公开文献。

以下将依次分析商业航天领域论文发表的年度分布、国家分布和机构分布等情况，并采用CiteSpace文献计量软件分析商业航天领域研究热点动态变化。

2. 年度分布

基于检索所获文献，统计2010—2022年商业航天领域历年论文发表数量，逐一计算历年论文产出增长率变化情况，得到分析结果（图46）。由图46可以看出，2010年商业航天研究领域已有177篇文献记录，此后每年论文发表总量呈现出明显的增长趋势。截至2021年，商业航天领域论文发表总量增长至547篇，2022年论文发表总量出现小幅下降，跌落至541篇，2010—2022年论文年均增长率达到9.76%。总体来看，近10年来，商业航天领域学术研究活动表现较为活跃，论文发表总量显著上升。

图46　2010—2022年商业航天领域发表论文年度分布

数据来源：Web of Science。

3. 主要研究国家分布

根据检索文献所属国家及地区，使用Web of Science数据库统计2010—2022年所有检索文献的国家分布情况，得到了如图47所示的商业航天领域论文发表总量排名前10国家分布图。可以看出，美国在商业航天领域的研究处于领先地位，2010—2022年其论文产出总量最大，达到1590篇，占排名前10国家文献总量约30.6%，而中国凭借880篇（占比约16.9%）文献总量占据第二名，德国、日本、俄罗斯等国家，分别以645篇（占比约12.4%）、426篇（占比约8.2%）及403篇（占比约7.8%）文献总量位列第三、四、五名。此外，对2010—2022年商业航天领域论文发表总量排名前4国家的论文年度变化情况进行了分析，分析结果如图48所示，可以明显看出美国较其他国家在商业航天领域的研究起步更早且积累更多。2010年，美国在商业航天领域的论文发表总量已达到66篇，此后以8.52%的年均增长率迅速增长至2021年的216篇，后在2022年跌落至176篇，但其论文发表总量仅在2022年被中国赶超，其余年份发文量均远高于同期其他国家。中国是商业航天领域论文总量排名前4的国家中早期研究成果最少的国家，2010年仅有7篇论文发表，但自2012年起中国在该领域的论文发表总量开始高速增长。截至2022年底，中国在商业航天领域的论文发表总量年均增长率达到31.25%，该数值远高于同时期内美国、德国、日本等国家的年均增长率。2022年中国论文发表总量更是首次超过美国达到183篇，说明其在商业航天领域的学术研究虽然起步晚、积累弱，但后期发展势头强劲。相较于美国和中国，德国和日本两国在商业航天领域内的研究产出表现较弱，自2010年起德国在该领域的研究产出开始波动上升，日本的研究产出则表现更为平缓。截至2022年，德国和日本两个国家的论文发表总量年均增长率分别为8.66%和5.95%。从商业航天领域近十年来的研究产出分布情况来看，美国和中国在领域内的学术研究较为活跃，共占据了全球商业航天领域近60%的研究产出，但美国得益于自身在商业航天领域较早的研究积累，仍然处于技术领先地位。

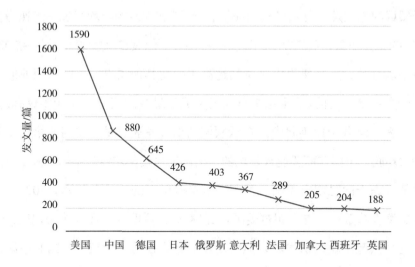

图47 2010—2022年商业航天领域论文发表总量排名前10的国家分布

数据来源：Web of Science。

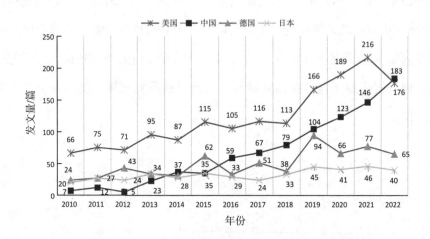

图48 2010—2022年商业航天领域论文发表总量排名前4国家

论文发表量年度分布

数据来源：Web of Science。

4. 主要研究机构分布

统计2010—2022年商业航天领域机构论文发表总量排名情况，得出全球商业航天领域论文发表总量排名前10的机构分布（表53）。数据显示，美国国家航空航天局在商业航天领域论文发表总量排名居第一位，数量达668篇，超出排名第二位的德国亥姆霍兹协会论文发表总量的两倍。德国亥姆霍兹协会归属第二梯队，其论文发表总量分别为320篇，位居该领域内论文总量机构排名的第二位。第三梯队是俄罗斯科学院、德国航空航天中心、日本宇宙航空研究开发机构、中国科学院、法国国家科学研究中心等研究机构，论文发表总量均在200篇以上。其余则有法国研究型大学、美国宇航局约翰逊航天中心、加利福尼亚大学系统等高校及研究机构，论文发表总量在150篇以上，归属第四梯队。总体来看，商业航天领域学术研究较为活跃的研究机构主要分布在几个航空航天技术大国，但美国在论文发表总量排名前10的机构分布中，无论是机构数量还是发文总量，均具有绝对优势。

表53　2010—2022年商业航天领域论文发表总量排名前10机构分布

国家	机构名称	发文量/篇	发文量排名
美国	美国国家航空航天局	668	1
德国	亥姆霍兹协会	320	2
俄罗斯	俄罗斯科学院	263	3
德国	德国航空航天中心	249	4
日本	日本宇宙航空研究开发机构	234	5
中国	中国科学院	232	6
法国	法国国家科学研究中心	202	7
法国	法国研究型大学	193	8

续表

国家	机构名称	发文量/篇	发文量排名
美国	美国国家航空航天局约翰逊航天中心	175	9
美国	加利福尼亚大学系统	168	10

数据来源：Web of Science。

5. 研究热点

采用CiteSpace文献计量软件对商业航天领域的检索文献进行关键词突发性探测分析，得到如表54所示的突现关键词排名前15列表。可以看出，商业航天领域的研究热点具有如下动态变化特征：第一阶段（2010—2014年）侧重于关注国际空间站、宇宙辐射、宇宙射线、放射量测定以及暗物质等宇宙高能粒子及高能物质研究；第二阶段（2012—2019年）增加了对太阳光谱的研究，出现了空天信息网络、长周期太空飞行以及卫星通信等热词，体现出商业航天领域对信息交换与传输等技术研究的重视；近年来，机器学习等成为新的研究热点，增加了对二氧化碳作为航天燃料的研究，也增加了对阿尔法磁谱仪等空间站实验设备的研究，以用于探测宇宙物质，同时，对航天器以及飞行动力学的研究也在不断深入，以设计出商业航天领域适用的载人飞船。

表54　2010—2022年商业航天领域排名前15实现关键词列表

关键词	关联强度	开始时间	结束时间	2010 — 2022年
国际空间站	12.09	2010	2011	■■□□□□□□□□□□□
宇宙辐射	9.55	2010	2013	■■■■□□□□□□□□□
宇宙射线	5.99	2010	2014	■■■■■□□□□□□□□
放射量测定	5.7	2010	2013	■■■■□□□□□□□□□
暗物质	4.55	2010	2014	■■■■■□□□□□□□□

关键词	关联强度	开始时间	结束时间	2010 — 2022年
光谱	4.58	2012	2017	□□■■■■■■□□□□□
空间站	9.61	2014	2017	□□□□■■■■□□□□□
空天信息网络	11.39	2015	2019	□□□□□■■■■■□□□
长周期太空飞行	7.02	2016	2018	□□□□□□■■■□□□□
卫星通信	5.35	2016	2017	□□□□□□■■□□□□□
机器学习	5.63	2018	2022	□□□□□□□□■■■■■
二氧化碳	5.82	2019	2022	□□□□□□□□□■■■■
阿尔法磁谱仪	4.36	2019	2022	□□□□□□□□□■■■■
航天器	4.61	2020	2022	□□□□□□□□□□■■■
飞行动力学	4.67	2021	2022	□□□□□□□□□□□■■

数据来源：Web of Science。

商业航天作为当前热门研究领域，随着技术演化发展和成熟，不断催生新应用，市场前景广阔。根据商业航天领域文献计量分析，可以发现，未来商业航天领域学术研究将继续保持增长态势，学术研究活动多集中于中国、美国、欧盟等，日本、英国、韩国等也是商业航天研究的重要力量。根据商业航天领域的研究热词分析，目前商业航天领域研究热点主要集中于航天燃料、机器学习、航天器等领域，并将延续为未来一段时期的研究热门主题。

第六节　新一代无线通信产业

一、产业概要与前景

新一代无线通信产业是指由系列无线通信重大新技术创新突破所催生演化而来的新产业，其核心是全覆盖、全应用、全频谱、强安全的无线网络新需求驱动的下一代无线通信网络（通常称为"6G"）。目前，下一代无线通信网络尚处于提出愿景、标准研制和潜力关键技术研究阶段，范围尚未清晰界定。作为重大变革性的新一代无线通信网络，单从需求和愿景视角看，其产业范围甚至包含宽带卫星通信等新兴无线通信技术产业。

当前，鉴于新一代无线通信所蕴含的巨大产业前景和经济社会影响力，全球主要国家和地区纷纷从自身优势和战略需求出发，大力布局发展新一代无线通信技术与产业，抢占发展先机。美国组建了ＮＥＸＴ　Ｇ（6G）联盟，开放了太赫兹频谱，致力通过太赫兹、低轨道宽带卫星互联网等技术优势，掌握6G技术的领导权；欧盟启动"Hexa-X"无线网络计划，聚力破解智能连接、网络中的网络、可持续性、全球服务覆盖、极致体验和资料可信度等无线网络技术难题；英国寄望通过纳米天线、无线光纤等技术实现超快宽带；日本着力6G关键技术研发和高节能理念；韩国推出"K-Network2030"计划，提出开发基于韩国AI芯片的AI云原生核心网络技术等；我国已前瞻布局了6G关键技术研发，组建了IMT-2030（6G）推进组。

新一代无线通信网络全覆盖、全应用、全频谱、强安全的宏大未来愿景，将大幅扩展其产业内涵。网络接入将包含移动蜂窝、卫星通信、无人机通信、水声通信、可见光通信等多种接入方式；网络覆盖将形成跨地域、跨空域、跨海域的空天海地一体化网络，实现真正意义上的全球无缝覆盖；网络性能指标如传输速率、可靠性、连接数密度、频谱效率、网络能效等大幅提升，降低网络时延，满足多样化网络需求；网络智能化将实现网络与用户的统一整体化，人工智能赋能网络，挖掘用户智能需求，提升用户体验；网络服务边界将从物理世界人、机、物，扩展至虚拟世界之境，连接物理世界与虚拟世界。

5G和6G对比见表55。

表55　5G和6G对比

指标	6G	5G	提升效果
速率	峰值速率：100Gbps～1Tbps；用户体验速率：Gbps	峰值速率：10～20Gbps；用户体验速率：0.1～1Gbps	10～100倍
时延	0.1ms，接近实时处理海量数据时延	1ms	10倍
流量密度	100～100000Tbps/km^2	10Tbps/km^2	10～1000倍
连接数密度	最大连接密度可达1亿个/km^2	100万个/km^2	100倍
移动性	大于1000km/h	500km/h	2倍
频谱效率	200～300bps/Hz	可达100bps/Hz	2～3倍
定位能力	室外1m，室内10cm	室外10m，室内几米甚至1m以下	10倍

续表

指标	6G	5G	提升效果
频谱支持能力	常用载波带宽可达到20Ghz，多载波聚合可能实现100Ghz	Sub6G常用载波带宽可达100Mhz，多载波聚合可能实现200Mhz；毫米波频段常用载波带宽可达400Mhz，多载波聚合可能实现800Mhz	50～100倍
网络能效	可达到200bit/J	可达100bit/J	2倍

资料来源：中国电子信息产业研究院、前瞻产业研究院。

新一代无线通信产业属于典型技术先行、标准先行的新技术驱动产业，产业演化属于孕育萌芽阶段，早期试验阶段的产业规模小，紧随着技术研发扩展而逐步成长，一旦进入商用化阶段，产业规模将呈快速爆发式增长。根据国际通信组织时间表和业界预测，预计2030年前后新一代无线通信将实现商业化组网，产业将进入快速增长期。中国IMT-2030推进组预测，面向2030年商用的6G网络将涌现出智能体交互、通信感知、普惠智能等新业务新服务，预计2040年，新一代无线通信网络各类终端连接数将超过2022年的30倍，月均流量则超过2022年的130倍，形成广阔的市场空间。新一代无线通信的商业化时点与全球第六轮经济长周期攀升阶段历史性交会，将成为下一轮经济长周期主导性创新技术，引领未来经济社会发展。

二、产业演化进展

下一代无线通信网络起步于上一代无线通信网络是通信网络代际更替的基本逻辑。但6G作为革命性的新一代无线通信网络，从愿景与驱动力视角看，算网一体、至简网络、数字孪生、空天地海一体等众多新特性，将牵引更多新技术研发、覆盖更广泛空间、扩展更丰富应用场景，促使新一代无线通信产业较过往任何一代移动通信产业链更庞大，产业空间更广阔。

从产业演化来看，作为技术先行、标准先行的特殊产业，当前6G网络仍处于需要研究讨论"发展愿景"共识的时期，产业孕育发展属于理论研究、技术研发和关键技术试验探索的早期萌芽阶段，产业链分工演化尚需时日。根据国际电信联盟（ITU）等标准组织的路线图，当下新一代无线通信产业正进入关键潜力技术研发、测试和试验期，技术研发密集，研发覆盖面宽，产品多为小批量、小规模试验级产品，产业规模不大。产业演化主要进展如下。

1. 全球主要设备企业陆续布局产业链主要环节关键技术研发与试验

华为2021年提出未来10年亟须的移动网络能力，成立专门研究中心部署预研；中兴通讯组建专门团队，布局人工智能等6G新方向的标准研制和技术研究，推出了增强多用户共享接入、智能反射超表面天线阵、人工智能低密度奇偶校验码译码器等技术实例；三星电子设立6G通信研究中心，研究沉浸式扩展现实、全息影像、数字孪生等6G关键服务，以及太赫兹通信、新型天线技术等技术研究，完成全球第一个6G原型系统测试；LG成功实现超百米的太赫兹频段6G无线传输试验；诺基亚牵头芬兰及欧盟多项6G重点研究计划；美国泰克公司等开发出100Gbps的通信解决方案。

2. 系列关键技术和零组件发展取得重要进展

新一代无线通信作为创新变革巨大的新通信，需探索突破基础传输、空间资源、频谱利用、人工智能辅助、应用层等技术领域系列使能新技术。目前，太赫兹、智能超表面等关键技术领域，已研究开发出倍频器、混频器、功率放大器、低噪声放大器、智能超表面结构、智能超表面发射机和接收机等芯片、组件和测试样机。2019年美国TowerJazz等成功展示了用于汽车雷达系统的首个全固态光束转向集成电路；NTT在2019年成功试生产出低能耗、通过光运行的芯片，2020年研发出面向6G的太赫兹无线通信超高速芯片；2021年华中科技大学研制的智能超表面无线通信原型系统，打破业界性能纪录；之江实验室率先实现了300～500GHz频段系列超高速太赫兹通信；东南大学实现了一种对电磁功能编程的光驱动数字编码超表面；电子科技大学研制了全球首颗6G通信试验卫星。

3. 运营商等积极布局需求研究和应用场景试验

中国移动组建未来研究院，2019年发布《2030+愿景与需求研究报告》，提出未来移动通信网络将催生孪生体域网、超能交通、智能交互、通感互联网等全新应用场景；2020年发布《2030+网络架构展望白皮书》等报告，提出"三层四面"6G网络逻辑架构思想；2022年2月28日，中国移动发布《6G服务化RAN白皮书》，并开始集采6G服务化RAN原型系统。中国联通2023年发布《中国联通6G网络体系架构白皮书》，中国电信研究院、中兴通讯2023年联合发布《未来移动核心网演化趋势白皮书》，为网络架构设计提供了新的思路。同时，中国联通、中国电信等布局开展太赫兹通信产业化、云化技术向无线接入网延伸等研究。美国太空探索公司等低轨道卫星宽带互联网已投入规模化商业运营，谷歌、螳螂慧视等陆续推出全息视频聊天、全息视频采集系统等实验产品或原型系统。

总体来看，新一代无线通信产业发展尚处于从概念理论标准研究向实体产品演化的探索阶段，已初步形成概念性的产业雏形框架，技术研发与产品开发主要为单项技术研发、元组件产品、样机产品、原型系统测试和应用场景试验等，技术研发和试验产品覆盖面较广，但多属于关键性潜力技术范畴，技术与产品的成熟度、集成度均不高，产业链主要环节的技术研发与产品开发呈零星分散特征，尚未形成稳定紧密的产业链联系，产业整体规模不大。预计 5 年后，新一代无线通信 6 G 网络标准形成后，技术与产品才能快速朝大系统、高集成方向转变，推动产业规模化快速发展。预计到2040年，通感设备规模将超百亿台，渗透率超10%；智能体设备规模可达近200亿台，渗透率超15%。

三、技术研发进展

实现新一代无线通信"万物智联"愿景，需要技术先行、标准牵引，突破内生智能的新型网络、增强型无线空口技术、新物理维度无线传输技术、太赫兹与可见光通信技术、通信感知一体化、分布式自治网络架构、确定性网络、算力感知网络、星地一体融合组网、网络内生安全等领域关键技术。目前，新一代无线通信技术研发的主要进展如下。

（一）6G标准化进展

国际电信联盟等国际组织陆续成立专项工作组，启动6G标准化前期研究、频谱等推进工作：

国际电信联盟电信标准化部门（ITU-T）2018年成立网络2030焦点组（FG-NET-2030），负责探索面向2030年及以后新兴信息通信部门的网络需求等。

2020年2月，国际电信联盟无线电通信部门5D工作组（ITU-R WP 5D）

确定了《未来技术趋势》报告撰写计划，正式拉开6G研究工作的序幕。2022年11月，《面向2030年及未来国际移动通信技术趋势》发布。2023年6月，ITUR审议通过《IMT面向2030及未来发展的框架和总体目标建议书》，汇聚了全球对6G的愿景和共识。预计2026年形成6G KPI，并正式启动6G标准制定工作。

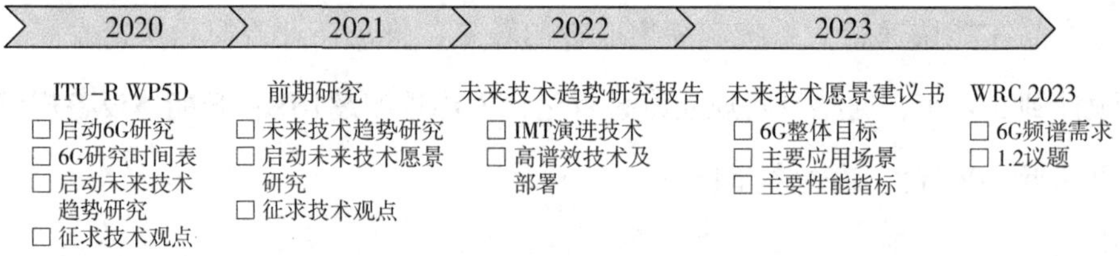

2020	2021	2022	2023	
ITU-R WP5D	前期研究	未来技术趋势研究报告	未来技术愿景建议书	WRC 2023
☐ 启动6G研究	☐ 未来技术趋势研究	☐ IMT演进技术	☐ 6G整体目标	☐ 6G频谱需求
☐ 6G研究时间表	☐ 启动未来技术愿景研究	☐ 高谱效技术及部署	☐ 主要应用场景	☐ 1.2议题
☐ 启动未来技术趋势研究	☐ 征求技术观点		☐ 主要性能指标	
☐ 征求技术观点				

图49 ITU-R 6G早期研究计划

资料来源：ITU官网、赛迪智库。
广州创新战略研究院整理绘图。

2023年6月，国际电信联盟无线电通信部门5D工作组召开第44次会议，如期完成了《IMT面向2030及未来发展的框架和总体目标建议书》，提出了面向2030年及未来6G系统，将推动实现包容性、泛在连接、可持续性、创新、安全性、隐私性和弹性、标准化和互操作、互通性八大目标，定义了沉浸式通信、超大规模连接、极高可靠低时延、人工智能与通信融合、感知与通信融合、泛在连接等6G大场景，以及连接数密度、移动性、时延、可靠性、定位精度、峰值速率、用户体验速率、频谱效率、区域流量密度、感知指标、人工智能指标、安全隐私韧性性能指标、可持续性性能指标、覆盖、互操作15项关键能力指标。

2023年11月，世界无线电通信大会（WRC-23）在阿联酋迪拜拉开帷幕，大会为2027年世界无线电通信大会设立了手机直连卫星和S频段非地面网络频率使用议题，以适应6G天地一体化国际移动通信发展需求。

（二）全球主要国家和地区6G技术研发进展

1. 美国组建联盟开放频谱，布局关键核心技术研究

2020年10月，美国为强化6G时代的领导地位，组建Next G联盟，主要负责构建6G战略路线图、推动6G政策及预算、6G技术和服务全球推广等，全球高通、苹果、三星、诺基亚等150多家信息通信企业入盟。2019年3月，美国率先开放95GHz～3THz太赫兹频段作为6G实验频谱，发放10年期可销售网络服务的实验频谱许可。

在技术研发方面，美国20世纪90年代已大规模投入，组织力量研究太赫兹技术，积累了雄厚的技术基础。目前，美国从事太赫兹技术研究的大学、国家实验室等已达数十所，主要研究成果包括航天飞机表面隔热材料太赫兹成像检测系统、太赫兹雷达、安检系统、环境监测设备等。2020年9月，美国国防部资助30多所美国大学合作组建太赫兹与感知融合技术研究中心，作为美国6G技术研发关键项目之一。美国太空探索公司构建"星链"卫星互联网，探索6G空天地海一体化网络技术，至2023年5月，"星链"在轨卫星数量已超4000颗，提供近乎覆盖全球的网络服务。同时，美国致力突破的未来6G核心技术研究方向包括支持人工智能的高级网络和服务、多接入网络服务技术、智能医疗保健网络服务、多感测应用、触觉互联网和超高分辨率3D影像等。

2. 欧洲联合研发联合投资，合力推进6G技术研发

欧洲在6G研究初期，以各大学和研究机构为主体，积极组织全球各区域研究机构共同参与6G技术研究探讨。2020年，欧盟委员会发布《全面工业战略的基础报告》，提出大量投资包括6G在内的新技术。2021年，欧

盟正式启动旗舰6G研究项目"Hexa–X"，汇集法国运营商Orange、Atos、B–COM技术研究所、原子能和替代能源委员会（CEA），以及德国西门子，意大利电信及比萨大学，西班牙电信，芬兰诺基亚及奥卢大学，瑞典爱立信和美国英特尔等25家企业和科研机构，共同推进6G技术研发，包括创建独特的6G用例和场景、研发6G基础技术、定义整合关键6G技术的智能网络结构新架构等，旨在通过6G技术搭建的网络，连接人、物理和数字世界。

欧洲国家积极与亚洲国家开展6G研究合作，如英国任命越南教授为英国皇家工程学院6G电信网络研究主席，芬兰与瑞典分别与韩国达成6G合作协议。

3. 韩国聚焦重点抢先发力，强化6G产业生态构建

韩国政府致力于超高性能、超大带宽、超高精度、超空间、超智能和超信任等六个关键领域，推动了10项战略任务。2020年8月，韩国发布《引领6G时代的未来移动通信研发战略》，提出重点布局6G国际标准，加强产业生态系统，确保5G之后韩国成为全球首个6G商用国家，明确了数字医疗、沉浸式内容、自动驾驶汽车、智慧城市和智慧工厂等五个试点领域。

韩国企业和研究机构也大力投入6G技术研究开发，如2019年韩国通信与信息科学研究院已正式组建6G研究小组，三星电子、LG、SK电信等通信巨头也于同年陆续组建了企业6G研究中心或实验室，2021年3月，韩国LG电子与韩国先进科学技术研究院（KAIST）等签署"共同开发下一代6G无线通信网络技术"的合作协议，重点聚焦太赫兹无线通信技术。韩国信息和通信技术促进研究所（IITP）推进的6G研发计划还包括卫星通信、量子密码和通信等6G转换技术。韩国电信（KT）、首尔国立大学新媒体传播研究所合作开展6G通信和自主导航业务研究。韩国科学与信息通信技术部将6G的

100GHz以上超高频段无线器件研发列为14个战略课题中的首要课题，引导企业加大研发实验力度。

4. 日本战略布局强力推进，启动多项6G试验

2020年4月、6月，日本接连发布全球首个以6G作为国家发展目标的6G技术综合战略计划纲要和路线图，提出2025年实现6G关键技术突破、2030年正式启用6G网络、6G技术专利份额超过10%等明确目标，明确了公私部门实现战略合作的重要性，由国立情报通信研究机构牵头组建产学研一体化的联合研发组织，政府通过财政支持、税制优惠、放宽监管和资金支持等方式推动6G研发工作，争取未来制定国际标准时，"相关技术参数能够符合日本的国家利益"。

日本将太赫兹技术列为国家支柱技术十大重点战略目标之首，日本电报电话公司（NTT）、日本国家信息和通信技术研究所、广岛大学等企业和科研机构已开展了系列太赫兹通信技术研发试验，NTT实验室成功开发出使用300GHz太赫兹频段的6G超高速芯片。2019年10月，NTT、索尼和美国英特尔公司签署了联合研发6G技术协议，合作推进6G通信标准，提出用光驱动的新半导体技术和充一次电可使用一年的智能手机两大技术突破目标。2021年3月，软银与尼康合作研发的全球第一个应用于移动通信的光学无线电技术"跟踪光学无线通信技术"实验成功，该技术融合人工智能、图像处理和精密控制技术，创建双向通信设备新应用场景。同时，NTT、东芝公司等开展了低能耗光驱动芯片技术、量子暗号通信系统等技术研发。

5. 中国前瞻布局多方联动，抢占6G技术先发优势

中国6G研发工作总体部署超前，正系统制定6G技术研发方案，为6G技术预研打下基础，旨在以先行者角色，增强前沿技术研究领域的全球话

语权。2019年，工信部牵头，联合科技部、发改委组建了中国IMT-2030（6G）推进组，下设中国6G无线技术组，负责组织成员单位围绕6G技术开展系列工作。由科技部、发改委、教育部、工信部、中国科学院、自然科学基金委等联合组建了国家6G技术研发推进工作组和总体专家组，推动6G技术研发工作实施，提出6G技术研究布局建议与技术论证，为重大决策提供咨询与建议。

中国移动、中国联通、中国电信等运营商，相继通过组建未来移动通信技术研究所等专业机构，开展面向6G的应用基础研究、太赫兹通信研究等。华为、中兴通讯等科技企业也积极布局技术研发。2020年，华为携手联通、银河航天达成了空天地一体化战略合作伙伴协议，共同在6G领域发力。中兴通讯已成立专门团队，主攻6G网络结构，以及三维连接、智能MIMO、按需拓扑、按需AI与新视野通信等6G使能技术，通过测试、试验验证其技术可行性。在6G使能技术之一的领域，中国华讯方舟、四创电子、亨通光电、大恒科技等公司均已布局太赫兹通信技术研究。远方信息已成功突破6G相关的太赫兹光谱仪技术，意华公司研制出6G网络需求的300G/400G连接器，奥士康积极开发5G、6G无线通信基站用PCB产品，中国信息通信科技集团、OPPO、VIVO等从不同角度启动了6G通信技术研发。

北京邮电大学、紫金山实验室等高校和科研院所依托国家专项，加速6G技术研发。北京邮电大学启动了"6G全场景按需服务关键技术"研究，力求建立全场景按需服务管控技术体系，实现概念理论、关键技术研究、标准体系建设与核心系统研发等原始创新。紫金山实验室筹备开展B5G/6G移动通信系统与关键技术、面向服务的未来网络与系统、网络通信内生安全2.0和综合试验平台等重大任务，以及单光子极限通信与探测等前沿交叉课题研究。之江实验室采用光电混合技术路线，与轨道角动量（OAM）技术结合，率先实现300～500GHz频段一系列超高速太赫兹无线通信。中国科学院牵头启动商用卫星光电姿态敏感器等多项6G技术研发。东南大学开展6G信息超材料研究取得新进展。

四、基于文献的研究前沿与热点

1. 数据采集及研究方法

将Web of Science核心合集为文献数据库，开展文献检索，根据检索结果分析新一代无线通信技术领域的研究趋势和热点。以TS=（"terahertz communication" OR "visible light communication" OR "orbital angular momentum" OR "deterministic Network" OR "massive MIMO" OR "wireless transmission based on AI" OR "satellite transmission"）为检索式，对Web of Science核心合集数据库进行检索，将文献类型限定为期刊论文，并将检索日期范围设置为2010—2022年，共检索获得18713篇新一代无线通信技术相关的文献。

基于检索获得的文献数据，按照发表年度、所属国家及机构等信息对新一代无线通信技术领域检索数据进行文献计量分析，并采用CiteSpace软件分析领域内研究热点动态变化情况。

2. 年度分布

2010—2022年新一代无线通信技术领域论文产出年度分布情况如图50所示，可以看出，2010年以来新一代无线通信技术领域发文数量逐年攀升，呈现出稳定的增长态势。截至2022年，新一代无线通信技术领域论文产出年均增长率达到了23.62%，论文年发文量由2010年的244篇，增长至2022年的3107篇，且2022年当年发文量是2010年的13倍左右。上述分析反映出2010—2022年来新一代无线通信技术领域的研发工作非常活跃，且主要表现为在2015—2019年开始爆发式增长，这与2018年前后美国及欧盟等西方发达国家及地区与中国启动布局6G基础技术研究项目有关。

图50　2010—2022年新一代无线通信技术领域发表论文年度分布

数据来源：Web of Science。

3. 主要研究国家分布

基于检索数据，图51分析了新一代无线通信技术领域论文产出的国家分布情况。根据图51所示的分析结果，中国是2010—2022年6G领域研究最为活跃的国家，其论文发表量达到8691篇，占排名前10国家论文总量的46.0%。美国、英国、印度、加拿大等国家，分别凭借3022篇（占比约16.0%）、1343篇（占比约7.1%）、994篇（占比约5.3%）、950篇（占比约

5.0%）论文产出量占据新一代无线通信技术领域论文产出国家排名的第二
至第五名。图52进一步对比分析了6G领域论文产出排名前4的国家历年论文
发表情况。根据图52所示的分析结果，2010—2013年，中国、美国、英国及
印度等国家在6G领域已有一定的研究记录，但总体上其研究工作尚处在起
步阶段。美国、英国及印度等国家在2014年以后其论文产出开始缓慢增长，
2010—2022年论文产出年均增长率分别达到15.5%、23.8%及26.3%，总体表
现为平稳增长的态势。中国自2014年开始在该领域内的论文产出数量急剧增
加，2019年以后其增速开始趋于平缓，但其论文发表量远高于同期其他国
家，2010—2022年论文产出年均增长率达到36.1%。这反映出近年来中国越来
越重视6G领域的学术研究工作，并在《中华人民共和国国民经济和社会发展
第十四个五年规划和2035远景目标纲要》中明确提出要"前瞻布局6G网络技
术储备"。

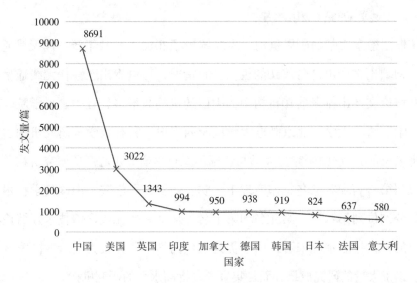

图51　2010—2022年新一代无线通信技术领域论文发布总量排名前10的国家分布

数据来源：Web of Science。

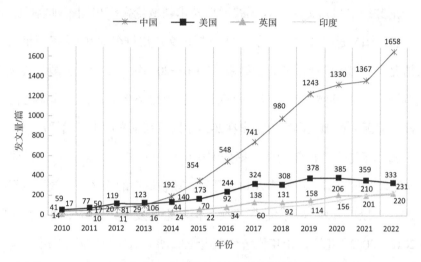

图52　2010—2022年新一代无线通信技术领域论文发表总量排名前4国家论文发表量年度分布

数据来源：Web of Science。

4. 主要研究机构分布

根据检索文献的所属机构，表56统计了2010—2022年新一代无线通信技术领域论文产出排名前10的机构分布情况，可以看出新一代无线通信技术领域论文产出排名前10机构中，中国的机构数最多，且中国科学院、东南大学、清华大学、北京邮电大学以及西安电子科技大学等研究机构占据了排名位前5。法国研究型大学与法国国家科学研究中心两所研究机构，分别位列第六名和第七名，印度理工学院、俄罗斯科学院、中国科学技术大学等分别位列第八名、第九名和第十名。从新一代无线通信技术领域论文产出的机构排名情况来看，中国仍是领域内学术研究最为活跃的国家，不但积累了大量的研究成果，而且集聚了一批高水平的研究机构。

表56　2010—2022年新一代无线通信技术领域论文发表总量排名前10机构分布

国家	机构名称	发文量/篇	发文量排名
中国	中国科学院	896	1
中国	东南大学	829	2
中国	清华大学	496	3
中国	北京邮电大学	431	4
中国	西安电子科技大学	394	5
法国	法国研究型大学	384	6
法国	法国国家科学研究中心	373	7
印度	印度理工学院	327	8
俄罗斯	俄罗斯科学院	315	9
中国	中国科学技术大学	312	10

数据来源：Web of Science。

5. 研究热点动态

采用CiteSpace文献计量软件对检索文献进行关键词突发性探测分析，得到如表57所示的2010—2022年新一代无线通信技术领域突现关键词排名前15列表。可以看出，2010—2022年，MIMO通信、无线电频率、阵列信号处理系统、信噪比、去蜂窝大规模多天线、无线通信、深度学习等技术成为6G领域新的研究热点，并且学术界开始关注这些技术领域与新一代无线通信技术的融合应用。近年来的研究发现，6G领域关键技术与大规模MIMO的结合有望实现高速率通信，而去蜂窝大规模MIMO无线传输技术对6G超高峰值速率、超高频谱效率、海量连接以及超低时延和超高可靠传输等均具有重要支撑作用。此外，随着人工智能技术的成熟与发展，深度学习在6G通信网络中的应用有利于实现网络资源和用户的智能化管理与提高网络效率。

表57　2010—2022年新一代无线通信技术领域排名前15实现关键词列表

关键词	关联强度	开始时间	结束时间	2010—2022年
光子	52.94	2010	2017	■■■■■■■■□□□
光束	41.22	2010	2016	■■■■■■■□□□□
粒子	39.6	2010	2016	■■■■■■■□□□□
MIMO通信	82.76	2020	2020	□□□□□□□□■□□
无线电频率	78.13	2020	2022	□□□□□□□□■■■
阵列信号处理系统	49.69	2020	2022	□□□□□□□□□■■
资源管理	46.77	2020	2022	□□□□□□□□□■■
深度学习	42.67	2020	2022	□□□□□□□□□■■
信噪比	40.13	2020	2022	□□□□□□□□□■■
衰落信道	34.35	2020	2022	□□□□□□□□□■■
去蜂窝大规模多天线	29.33	2020	2022	□□□□□□□□□■■
光发送机	26.88	2020	2022	□□□□□□□□□■■
5G移动通信	26.63	2020	2022	□□□□□□□□□■■
无线通信	74.06	2021	2022	□□□□□□□□□■■
发射天线	30.7	2021	2022	□□□□□□□□□■■

数据来源：Web of Science。

根据上述分析结果，新一代无线通信技术已成为当前热门研究领域，该领域核心技术研究呈现急剧增长态势，中国作为该领域学术研究最为活跃的国家，贡献了大量研究成果，集聚了一批前沿研究团队。新一代无线通信技术研究热点动态变化显示，MIMO通信、无线电频率、去蜂窝大规模多天线等技术成为当前重点研究主题，但随着通信技术、人工智能等学科的不断发展与进步，新一代无线通信技术应用场景将更加多样化，技术和产业发展空间将进一步扩大。为继续保持新一代无线通信技术领域学术研究领先地位，引领产业创新发展，需扩大探索新一代无线通信技术与深度学习、大数据、物联网、卫星通信等新技术交叉融合的研究与应用。

第六章

广州未来产业布局

未来产业作为新技术与新经济复合体，引领未来一定时期新产业的发展方向，其高成长、高潜力特征，以及高端人才、创新资本等强大的要素凝聚力，将成为一个国家或地区新经济发展的重要驱动引擎，也是未来竞争力的重要体现。同时，未来产业的强创新、长周期和不确定性等，也对未来产业发展和布局带来了一定约束条件。科学谋划未来产业布局，不仅需要考虑一个国家或地区的发展战略、科技研究基础、人才集聚特点，也要综合考量一个国家或地区的经济实力、产业基础、创新资本等关联支撑因素，结合前沿科技与未来产业发展方向，选择合适的未来产业重点，配套必要的政策措施，方能实现未来产业落地发展，形成高竞争门槛和强竞争优势。以下我们以广州为例，做出未来产业发展布局策略与措施方面的思考。

第一节　培育发展未来产业的先决因素

　　未来产业的技术与产业融合演化特点，以及技术和产业演化分别处于较早期的成长期、萌芽期的阶段特性，决定了未来产业所特有的技术密集、人才密集、高风险、高潜力等属性。不同于发展战略性新兴产业或成熟产业，未来产业主要依靠基础设施、物流、供应链、专业服务、技术人才和熟练劳动力等产业链配套。培育发展未来产业属于引领性战略行为，主要依托前沿基础与技术研发人才、研发实验平台、高水平先进制造设施、创新资本，以及政府的前瞻性、战略性投入和包容性监管制度等。要实现未来产业培育发展的预期成效，需具备必要的先决因素，具体包括如下内容：

　　一是坚实的专业研究基础。未来产业孕育成长所依托的前沿基础研究及关键技术，往往具有原创性、颠覆性创新的特征，如合成生物技术、量子计算技术、人机接口技术等，需要特定专业领域强大前沿研究基础和重大技术突破能力。该类领先性的研发突破能力的形成，多建构于持续性、长期性的研究积累和大胆探索，以及坚实的专业研究力量和先进的实验设施支撑。因此，培育发展未来产业需要有坚实深厚的专业基础研究，基础研究积淀越深，取得成功的概率越大，短平快的扩散型技术创新难以孕育未来产业。

二是强大的创新人才队伍。未来产业虽处于技术和产业演化早期阶段，但其所涉研发技术多为领先性前沿技术，覆盖的产业先进技术也相当复杂多元。培育发展未来产业至少需要三支强大的创新人才队伍的奋力创新突破：一批长期专注于前沿基础研究的高水平科学家，聚焦解决重大前沿科技问题；一批具有前瞻眼光的企业家和创业家，致力推出富有创造力的新产品新服务，满足社会重大潜在需求；一批敢于突破的技术专家，着力突破重大关键核心技术，丰富未来产业技术体系。

三是活跃的专业创新投资。未来产业具有专业性强、孕育演化周期长等特性，单纯依靠政府的财政性资金势必独木难支，需要强大多元的市场力量参与，更需要具有长期投资理念的专业化创新投资积极参与。活跃的专业创新投资是未来产业孕育成长的关键一环，只有专业化的投资团队才能深刻理解未来产业长周期背景下的巨大前景和潜在风险，准确平衡地把握预期收益与风险的度，方能持续为未来产业创业企业提供长期创新资本投入，培植未来产业新锐骨干企业，营造未来产业发展生态。

四是明确的政府战略导向。未来产业的前沿基础研发具有显著的公益性、外溢性、不确定性和长期性特征，早期研发探索往往需要5～10年甚至更长时间，才能形成创造性的新产品，且早期产品的应用场景具有局限性或现实背离性。培育发展未来产业需要政府前瞻性的决策布局，提供前沿基础研究、重大关键技术突破、特定应用场景试验和制度等战略性的导向支持，创造适宜未来产业孕育成长的研发、政策、包容性市场监管等环境，方能引导聚合资源，突破前沿关键核心技术，促进产业链孕育演化。

第二节 广州前瞻布局未来产业的必要性与基础

　　广州作为国家重要中心城市、综合性门户城市和华南教育科技中心，是粤港澳大湾区国际科技创新中心的核心引擎，代表国家参与全球竞争，前瞻布局发展未来产业，聚焦重点领域突破前沿关键技术，取得未来产业发展先机，构筑未来产业先行竞争优势，既是共建具有国际影响力的粤港澳大湾区国际科技创新中心，构建更具竞争力的现代产业体系的核心要义，也是抢抓科技和产业变革机遇，增强城市新经济新产业发展动力，实现创新驱动城市高质量发展，建设富有竞争力的全球城市的必然要求。

　　广州携千年商都的优势，经过改革开放40多年的高速发展，教育、科技和经济基础良好，科研实力强，人才荟萃，资本雄厚，已成为国际枢纽型城市，具备前瞻布局发展未来产业的良好先决条件。

一、科研实力

　　广州高校、科研机构数量居全国前列，拥有84所高等院校、180多家独立研究机构、20多个国家重点实验室、5个国家实验室和省实验室等，以及国家超级计算广州中心，正规划建设冷泉生态系统研究装置、智能化动态宽域高超声速风洞、极端海洋动态过程多尺度自主观测科考设施、人类细胞谱系大科学研究设施等一批重大科技基础设施。2022年，自然指数科–研城市排名广州居全球第10位，广深港创新集群已位列全球百强创新集群第2。特别是在生物技术、新一代信息技术、海洋科技、人工智能等未来产业重点技术领域，广州建成了一批国家实验室、国家重点实验室和省实验室等，培育了一批重点学科，承接了一批国家重大研发项目，推出了一批关键性研究成果，造就了生物、信息、海洋、人工智能等领域较强的专业研究实力。

二、创新人才

广州科技创新人才规模宏大。2020年，广州专业技术人才186.0万人，其中研究与试验发展（R&D）人员24万人；广州高等院校和科研院所在校大学生人数达131万、研究生13万、专职人员超过9.8万，在校大学生数量居全国城市之首；各类在穗工作院士160人、国家级人才工程入选人才614人。广州新一代信息技术、人工智能、生物医药、新材料、海洋、新能源等领域拥有一批以院士为代表的高端研发人才，尤其是在生物医药、新材料、新一代信息技术领域，高水平基础研究和应用基础研究人才密集度高。中山大学、华南理工大学等高水平大学，不仅聚集了一批生物技术、化学、人工智能等领域高水平研究人才，还可持续为未来产业培养大量科学、技术、工程和数学领域的基础人才和技能人才。

三、产业基础

广州产业体系健全，互联网、电子商务等新产业发展起步早，目前已形成汽车、电子、石化等三大支柱产业，以及新一代信息技术、生物医药与健康、智能与新能源汽车、智能装备与机器人等八大战略性新兴产业格局，正布局培育天然气水合物、区块链、量子科技等未来产业。广州的新型显示、汽车等产业发展居全国前列，生物医药、集成电路等产业发展迅速，专业服务业体系完整。建有国家级高新技术产业区和三大国家级经济技术开发区，汇聚了1.2万多家高新技术企业和大量科技型中小企业，独角兽、未来独角兽等高成长创新企业发展态势良好。

四、创新投资

广州作为全国重要的金融中心，其金融企业、金融监管、金融市场、金融环境等金融体系发展较快。2022年广州金融机构本外币存款余额8.05万亿元，金融业增加值2596亿元，占地区生产总值（GDP）的9.2%，广州的国际金融中心指数排名已跃居全球第24位（数据来源：GYbrand第11期《国际金融中心指数100强》研究报告）。作为中国风险投资起步发展最早的一批城市，广州正致力打造风险投资之都，其风险投资规模、投资案例、投资企业、投资人才等近年来取得了较快发展，创业投资的专业化水平和投资活力不断增强，涌现出一批专业化投资机构和投资团队。至2020年，广州累计设立股权基金管理人达890家，约占全国的3.6%，形成了培育未来产业的较强创新资本实力。

　　综合广州城市发展战略导向、科研实力、产业基础、人才集聚、金融资本等基础条件，以及全球未来产业发展重点热点领域，广州有必要、有实力前瞻布局发展未来产业，抢占先机，突破前沿关键技术，培育未来增长新引擎，推动城市向全球顶级创新城市迈进，确保城市稳健可持续发展。

第三节　广州未来产业的布局策略

鉴于未来产业演化发展的高投入、长周期、梯次化和不确定性等特性，一个城市甚至一个国家布局未来产业均难以全面出击、多面开花，需要结合基础优势和未来产业演化进程，考量制约因素，选择合适的策略和切入点，统筹谋划，突出重点，优势先行，分步推进。

就研究与产业基础而言，广州前期合成生物技术领域基础研究投入大、平台多、研发人才密集，生物医药产业基础较好，拥有大批生物技术创业企业和未来独角兽企业；智能飞行器领域则有良好的智能新能源汽车、船舶制造等产业基础和人才基础，拥有亿航智能、小鹏汇天等一批全球领先的新锐企业，以及文远知行、小马智行等自动驾驶研发企业；新一代无线通信、商业航天领域则仅部分细分领域有一定基础，新建了少量研发创新平台；生物智能、量子信息等领域的研究实力和产业基础则相对薄弱。

从演化发展进程来看，当前，全球重点未来产业演化发展进程各有不同，在合成生物方向取得系列重大研究突破，基因组合成、设计进步迅速，已孕育形成了细分领域的一定产业规模；智能飞行器领域中自主自动驾驶等部分领域研究进展较快，技术研发进入产业化和场景开发阶段；新一代无线通信、商业航天则进入新标准研究和系列重大关键技术突破阶段；生物智能、量子信息则主要处于研发突破的早期曙光阶段。

因而，根据广州科技研究基础、人才、平台、产业等现实条件，以及重点未来产业的演化进程、潜力空间等，广州布局未来产业宜采取突出优势、成熟先行、梯次布局的综合策略，即重点布局科研、人才、产业等基础好的未来产业，优先发展产业演化进程相对成熟的产业，适当从研发、创业等方面布局潜力大、技术尚处于早期突破阶段的未来产业，形成重点突出、阶段分明的梯次布局。具体布局策略如下。

一、优先布局合成生物和智能飞行器产业

从研究、创业、投资、应用场景及政策等多维度开展合成生物和智能飞行器产业布局。一是健全基础研究到产业化的跨链条研究，推动突破一批前沿基础和关键技术。重点整合优化广州生物技术领域的国家实验室、省实验室，以及抗感染新药研发国家重点实验室、国家新药（抗肿瘤药物）临床试验研究中心、新药成药性评估及评价国家地方联合工程实验室、精准医学科学中心等研究平台，围绕合成生物重点细分领域，引进全球特定细分领域一批顶尖人才，组建高水平研究团队，建立多领域全链条研究推进机制，着力研究亚细胞、单细胞及多细胞等人工生命体设计和人工基因组设计，提升合成生物系统的定量可预测设计能力，构建高通量、自动化、标准化的合成生物技术体系。引导广州地区高水平院校、科研机构与骨干企业组建智能飞行器新型研究机构，开展飞行器动力、飞控、传感器等关键技术攻关，重点突破实时精准定位、动态场景感知与避让、复

杂环境自主飞行、群体作业等核心技术。二是同步部署创新链、产业链和人才链，联合高水平院校建设未来产业领域领先学科，探索高校与企业协同研究、联合培养未来产业人才新模式，培育大批研究型和技能型人才。三是支持合成生物、智能飞行器领域技术创业，开放国际人才进入创业，通过政府设立天使母基金等方式，引导推动专业投资机构投资合成生物、智能飞行器领域研发成果产业化。四是建设智能飞行器行业应用基础设施和服务保障体系，建立技术应用交流平台、新技术演示验证中心等，率先打造"空中交通智慧城市"。五是适时出台合成生物、智能飞行器等产业政策，为新技术、新产品试验开放或创造应用场景，前瞻研究提出合成生物、智能飞行器研究的产业指引，防范可能存在的技术风险，地方政府积极支持或争取国家支持研究产业标准或指引，为产业规范发展创造有利条件。

二、适度布局新一代无线通信和商业航天产业

鉴于广州科研、人才和产业基础等方面，新一代无线通信和商业航天领域的研究发展基础相对薄弱，要综合分析科研、人才延伸领域和潜力空间，合理选择优先切入的细分领域，布局发展新一代无线通信和商业航天产业。一是发挥广州信息、通信、物联网、微电子等方面研究基础条件优势，采取交叉融合创新模式，开展新一代无线通信网络技术、太赫兹、芯片、空天信息、去蜂窝大规模多天线等重点领域研究，以构建人机物智慧互联、智能体高效互通的新型网络为导向，突破核心技术，推动形成一定领域的研究和技术优势；聚焦商业航天运载发射、卫星研制和航天应用等

细分领域，致力建设目标领域的高水平研究平台，突破一批关键技术，培育一批专业人才，提升前沿技术研究水平。二是大力度引导目标领域的技术创业，采取政府设立天使母基金、国有创新资本、精准定向政策等多种具有吸引力的措施，引进国内外富有创造力、想象力的杰出创业者进入创业，拓展产业链，反向促进创新链延伸。三是支持京信通信、中科宇航、吉利航天等新一代无线通信、商业航天领域骨干企业，通过并购、重组、创业等方式延伸产业链，扩展未来产业链。四是支持广州新一代无线通信、商业航天等领域研究机构和企业积极参与国际标准研究，提升前沿产业标准影响力。五是探索以应用场景和现行试验为优势的发展模式，吸引域外人才和企业汇聚，重点推进新型空间信息基础设施、粤港澳大湾区量子通信骨干网等建设，构建引领性技术研究试验平台，创新卫星新应用，拓展通信、导航、遥感应用新场景，打造"卫星互联网+"新服务模式。

三、跟踪布局生物智能和量子信息产业

生物智能和量子信息产业的技术生命周期和产业演化，目前尚处于关键技术攻关突破阶段，技术生命周期处于成长期，技术路线和产业演化存在诸多不确定性。同时，广州在这两个领域的前沿基础研究相对缺乏系统性研究力量。因此，生物智能和量子信息产业发展布局在当前阶段以跟踪跟进的策略为主，紧密跟进前沿研究趋势，选准优先突破的某些细分领域，重点布局一定战略研究和技术研究力量，引进高水平研究和创业人才，构建未来产业孕育之核。一是跟踪生物智能前沿关键领域研究。重点跟踪前沿技术研发进展，包括神经网络模型、神经计算、类脑芯片、类脑

智能机器人等技术，重点组织开展脑机接口等关键技术研发，利用神经形态计算模拟人类大脑处理信息的过程，促进机器以类脑方式实现人类认知及协同机制。深化脑科学、类脑研究等学科的融合建设，产生原始创新理论和方法，加强人工智能技术与生物信息结合应用和产业化。二是跟进量子信息重点研究。重点跟踪国内外量子信息研究突破方向，组织力量开展量子计算、量子通信、量子传感等前沿技术研究，加强重点技术领域研发和技术应用。三是大力引进境内外"明星级"研发和创业人才，开展生物智能和量子信息等研究和技术创业，营造未来产业孕育核心。四是在快速跟进生物智能和量子信息等基础研究和应用研发的同时，高度重视并支持开展标准研制，前瞻做好生物智能等领域标准专利布局，开展知识产权的系统布局、创新成果保护与运用模式。五是加强生物技术与人工智能、物联网，量子信息与计算机、通信等学科领域的交叉融合，开拓新思路、新方法和新研究领域。

第四节　广州发展未来产业的政策措施

未来产业的孕育孵化和演化成长，周期长、链条长，需要创新链、产业链、人才链、资本链融合发展的新模式、新土壤和新环境。作为战略导向型的未来产业，单纯的市场驱动难以实现领先愿景，需要政府更为积极地采取战略性主动措施，以新理念、新思路、新方法，创造未来产业发展所需的研发创新、人才集聚、监管规制、应用场景、投融资等优质环境。

一、做好顶层设计，谋划培育未来产业

立足未来产业前瞻性、高风险性等特征，借鉴先行国家经验，结合广州科技研发特长、产业优势和人才特点等基础条件，以国家、粤港澳大湾区和城市战略需求为导向，科学谋划，精准布局未来产业发展重点，研究制定未来产业发展战略与规划，明确中长期发展目标、重点、投入、监管等，着眼未来，把准方向，及时根据国际演化发展校准优化，持续耐心孕育培植未来产业。组织战略科学家、战略专家、智库学者、企业家、投资人等深入研究跨链条、跨学科的未来产业研究机构或研究网络组建或重组方案，以新理念、新模式建设高水平未来产业研究机构，突破未来产业前

沿基础和关键技术，抢占发展先机。

二、前瞻投入研发，突破前沿关键技术

聚焦目标未来产业，设立未来产业研究专项，前瞻支持未来产业从前沿基础研究到关键技术的长链条巴斯德象限研发，稳定支持未来产业研究机构长周期研发创新，破解未来产业研发周期长导致的知识技术创造投资不足的难题。政府重点研发计划，需根据未来产业关键核心技术需求，安排一定规模经费，组织高水平高校、科研院所、产业链骨干企业和新锐创新企业，围绕前沿理论和关键核心技术开展研发创新，引导创新资源向未来产业关键核心领域聚集，聚合形成高水平研发创新团队，加速突破关键核心技术。

三、激发创新活力，提高研发创新效率

未来产业孕育演化具有开创性特征，往往与异想天开式的创新或颠覆性创新相关联，不同创新主体交流碰撞、激发诱导等，更易于产生不同凡响的创新。要构建富有活力、吸引力的开放式创新体系，不拘一格，不唯权威，不设条框，给予未来产业研发创新人才学术自由、交流自由、思想自由，优化创新主体互动机制，引导多元化、多学科、多文化背景的创新人才集聚创新，激发创新活力，营造未来产业发展的活力创新氛围。特别是生物智能、智能飞行器等交叉型的未来产业，创新源自不同产业间的碰撞与融合，要创造跨学科研究和交流平台，鼓励不同学科间跨界交流，提

供跨学科前沿技术与技能培训，形成交叉学科研发创新的互补和互激效应。强化政府部门间协同与合作，破除部门间政策措施的篱笆，通过政策协调，消除任何环节的约束与阻滞，增强创新环境活力，有效应对知识创造、技术创新、金融创新等的快速变化需求。

四、突出需求导向，提升研发转化效率

未来产业所涉及的前沿基础研究与应用基础，受明确的需求和潜在的需求牵引，要健全战略导向和需求导向的新型科研机制，通过政府协调机制、经费支持导向等方式，推动研究型高校和研究院所，围绕目标未来产业的核心技术领域，联合或协同企业开展重大前沿关键技术研究。健全研究成果投入技术创业或导入企业转化的快速机制，研究目标与路径设置要突出同步产业化，前瞻解决知识产权、产业化权益等制度，提升关键技术成果创业或转化效率。探索需求导向重大中长期研究的技术路线决策和调整机制，给予研究团队选择和调整研究技术路线的合理权利，宽容研究路线合乎逻辑的选择失误，允许由此引发的研究投入的调整纳入研发总投入，政府按规则给予适当补贴。

五、创新融资模式，培育专业化前瞻战略投资机构

探索以政府直投型天使基金、引导性天使投资等方式，支持未来产业关键技术转化和创业，引导社会创新资本，组建未来产业专业股权投资机构，形成投创新、投未来、投前沿的专业投资机构，孵化孕育未来产业。

支持大型国有企业组建投资未来产业的专业投资机构，通过"领投+跟投"等联合投资模式，引导多元创新资本投资未来产业。优化国有创新资本、产业资本等投资未来产业项目的决策和评价机制，延长未来产业投资项目的股权持有期限，放宽风险概率上限或直接实施市场风险评价绩效。探索税收优惠与投资期限挂钩政策，引导长线资本更多地参与投资培育未来产业，构建合理的科学家、创业家、投资人利益分配机制。利用好北京证券交易所、上交所科创板、纳斯达克等境内外资本市场，支持资本需求大、发展潜力大的成长期企业上市融资，为企业长期研发创新创造持续的直接融资条件。建立面向未来产业股权投资的风险补偿机制，政府对投资未来产业种子期、初创期、研发期项目的投资损失给予一定风险补偿，引导更多社会资本投资未来产业，活跃未来产业投资。

六、高效协同联动，建设面向未来产业的高水平学科

优化地方政府与国家、省属高水平大学的协同联动机制，遴选师资与学科基础扎实、办学思路新、管理机制活的高水平大学，以强力度目标导向财政资金支持，建设有限数量的未来产业优势学科，锚定全球领先学科建设目标，引入一流师资，创造灵活机制，建设一流研发实验平台大科学装置，组建一流研究团队，培养高素质、高技能的专业研究人才和技术人才，攻坚重大前沿理论和关键技术。探索采取开放、多元、交叉方式，建设未来产业新学科，打破学科专业知识壁垒，培育多学科互相吸纳借鉴、互相包容的学科文化，探索交叉研究新范式，通过知识对流、理论互鉴、方法互用等交流碰撞，催生新思想、新理论、新方法。探索矩阵式、跨学

科团队等新学术组织形式，构建专业自主性与目标统一性相结合的新研究模式。创新学科评价制度，以长周期、分阶段方式，综合评价学科建设目标、人才培养质量、重大研究突破成效、产业合作成效等，突出长期导向和创新导向。

七、聚焦发展需求，构建未来产业高素质人才队伍

未来产业研究开发、产业化、商业化等，需要大量研究、创业、新制造、新商业等创造性人才队伍。要围绕未来产业发展需求，采取培、练、引等多种方式，多渠道聚合高素质人才队伍。一是紧紧围绕目标未来产业，通过精准规划和布局，合理配置关联配套学科，形成多学科基础型、交叉型、研究型、技能型等多类型人才培养体系。二是深入挖掘目标未来产业需求特点，精准把握其趋势，采取高校、研究机构与产业联合研究、联合培养等多种方式，有机结合理论研究与实际应用，培养适用的研究人才和技能人才。三是多渠道聚合境内外英才，面向未来产业，推出高吸引力政策，引进各类国内英才、海外留学人才来穗，研究开发未来产业新技术、开展未来产业创业，开发未来产业商业模式等，聚合未来产业的高素质人才队伍。

八、高水平开放，拓宽国际人才进入渠道

未来产业孕育发展需要大量尖端创新人才，要遵循国际惯例，更高水平开放不同国籍、不同文化的国际人才，拓宽国际人才进入通道，营造国

际化高水平人才聚集环境。一是面向重点未来产业需求，面向全球，引进特定领域"明星级"顶级人才，增强高水平人才集聚力，丰富未来产业创业的多样性。二是依托高水平大学、研究机构的重点学科，建立健全外籍高素质人才留学奖励和驻留技术创业制度，引进全球高水平创新创业人才。三是实施"全球优才计划"，大力度开放引进不同国籍、种族、文化，符合未来产业需求和条件的高素质人才，营造高品质、国际化高层次人才聚居生活环境。

九、创新监管理念，建立鼓励试错的包容环境

未来产业具有突出的新颖性、创造性特征，其所研发创造的新产品、新方法，常常突破现有经济社会运行惯例和管理规则。对处于研发阶段、缺乏成熟标准或暂不完全适应既有市场监管规则的未来产业新产品、新模式、新应用，要按照审慎包容原则，实行包容审慎监管，允许新产品、新技术、新应用、新业态、新模式等，在适度可控的安全空间或试验空间内试错、创新。完善市场准入监管制度，明确非禁即入的"负面清单"原则，对非负面清单的新技术、新产品、新应用，鼓励无限制进入市场；对确需监管的，采取跟踪观察的事中监管模式，支持未来产业创新发展。

参 考 文 献

［1］杨跃承，武文生，党好. 发展未来产业是我国构筑长期竞争优势的战略选择［J］.中国经济周刊，2021（23）：104-108.

［2］曹方，冷伟，张鹏，等. 从产业生命周期的角度认识未来产业发展路径［J］.科技中国，2021（1）：38-42.

［3］刘笑，揭永琴，刘琰. 德国量子计划对我国超前布局未来产业的启示［J］.科技管理研究，2022（18）：8-13.

［4］杨丹辉. 未来产业发展与政策体系构建［J］.经济纵横，2022（11）：33-44.

［5］王楠，王凡，赵会来. 我国未来产业发展形势研判及对策建议［J］.科技智囊，2021（11）：1-6.

［6］陈俊英. "未来产业"的概念探讨——以中医产业为例［J］.福建行政学院福建经济管理干部学院学报，2005（2）：68-70.

［7］李晓华. 未来产业发展的新趋势和中国特色发展之路［J］.人民论坛，2022（13）：76-81.

［8］陈晓怡，王建芳，刘渺，等. 全球未来产业最新发展举措、趋势及其启示［J］.科技中国，2022（4）：69-73.

［9］周波，冷伏海，李宏，等. 世界主要国家未来产业发展部署与启示［J］.新华文摘，2022（6）：120–124

［10］余东华．"十四五"期间我国未来产业的培育与发展研究［J］.天津社会科学，2020（3）：12–22.

［11］中国工程院全球工程前沿项目组．全球工程前沿2021［M］.北京：高等教育出版社，2021.

［12］张娟. Gartner发布2021年新兴技术成熟度曲线［J］.世界科技研究与发展，2021（5）：510.

［13］张佳欣. 十大新兴技术或将颠覆我们的生活［J］.中国科技财富，2020（11）：51–52.

［14］DeepTech编辑部.《麻省理工科技评论》2020年"全球十大突破性技术"［J］.科技中国，2020.（3）：5–11

［15］张奔.国内外高速轨道技术生命周期特征的比较与启示——基于专利视角［J］.情报杂志，2020（1）：83–90.

［16］曹冬英. 经济新常态视域下新旧技术"S型曲线"分析［J］.重庆三峡学院学报，2018（3）：23–30.

［17］张雪，张志强，陈秀娟，等. 合成生物学领域的基础研究与技术创新关联分析［J］.情报学报,2020,39（3）：231–242.

［18］刘小玲，雷蓉. 从入选中国科学十大进展看合成生物学的发展［J］.科技中国，2022（4）：36–41.

［19］陈秉塬，钟源. 合成生物学研究的特征与趋势——基于CiteSpace的数据分析［J］.科学技术与工程，2021（18）:7476–7484.

［20］王伟. 人工智能已进入到脑科学在内的生物智能阶段［N］.中国

电子报，2018–4–13.

　　［21］孟海华. 类脑智能的发展趋势与重点方向［J］.张江科技评论，
2021（2）：67–69.

　　［22］莫宏伟，丛垚. 类脑计算研究进展［J］.导航定位与授时，2021
（4）：53–67.

　　［23］李克强，戴一凡，李升波，等. 智能网联汽车（ICV）技术的发
展现状及趋势［J］.汽车安全与节能学报，2017（1）：1–14.

　　［24］董文波. 基于专利计量的智能汽车技术竞争态势研究［J］.湖北
汽车工业学院学报，2022（2）：75–80.

　　［25］张扬军，钱煜平，诸葛伟林，等. 飞行汽车的研究发展与关键技
术［J］.汽车安全与节能学报，2020，1（1）：1–16.

　　［26］王广河. 智能船舶技术发展路径探究［J］.信息系统工程，2022
（4）：137–140.

　　［27］邹丽雪，刘艳丽，董瑜，等. 量子科技创新战略研究［J］.世界
科技研究与发展，2022，44（2）：145–156.

　　［28］孙剑锋，牛旼. 2021年中国商业航天产业进展［J］.国际太空，
2022（3）：36–39.

　　［29］满璇，吴静，刘宇晨. 2021全球商业航天产业投融资分析［J］.
卫星应用，2022（3）：12–17.

　　［30］赵昕宇. 中国空天信息产业迎来黄金十年［J］.高科技与产业化，
2021，27（4）：52–55.

后　记

　　未来产业是前沿新技术驱动发展的高潜力新产业，具有高技术、高门槛、高风险等特点，产业与技术融合特性明显，培育发展未来产业需要有为政府和有效市场的共同发力推进。未来产业事关一个国家或地区将来的产业主导权，已成为全球代表性国家关注的焦点。研究与编写《科技前沿与未来产业》，旨在厘清当前未来产业技术与产业演化发展脉络和态势，为广州谋划发展未来产业提供参考建议，亦可为关注未来产业发展的政府工作人员、研究者、创业者和企业家提供借鉴。

　　科技创新本非易事，未来产业更是融创新链与产业链、科技与经济于一体，深度关联多领域的前沿新技术，愈加增添了探索研究的工作难度。为保障研究水准与质量，在研究与编写过程中，研究团队分工协作，积极探索，昼度夜思，反复迭代，多易其稿，付出了巨大努力。团队成员范小红主要负责总体框架设计、研究方向与方法统筹，以及全文统稿、审定等工作，郑国雄主要负责重点未来产业演化发展进程分析，李伟、刘溉、伍彬等参与了前沿科技潜力技术领域构建与分析、广州未来产业布局等内容的分析，杨晨璟主要分析全球未来产业发展态势，练冠华主要负责未来产业重点潜力技术领域的技术演化分析，蒋慧芳侧重于未来产业研究前沿与热点的文献分析。同时，在书稿出版过程中，研究团队得到了广东经济出版社编辑林跃藩先生及其同事的大力支持，在此一并致以诚挚的谢意。

虽然研究团队成员具有信息技术、生物技术、智能与自动化技术等多领域专业技术功底或相关研究经历，但鉴于专业功底厚度、数据来源和技术视野等方面的诸多局限，书中难免有疏漏和偏颇之处，权作抛砖引玉之言，恭请专家读者批评指正。本书为广州新型智库成果转化而成。

课题组

2024年3月2日